Claudia de Rham

Die Schönheit des Fallens

aufbau

Claudia de Rham

DIE SCHÖNHEIT DES FALLENS

Auf der Suche
nach dem Geheimnis
der Gravitation

Aus dem Englischen
von Hainer Kober unter Beratung von Dr. Markus Pössel

aufbau

Die Originalausgabe unter dem Titel
The Beauty of Falling. A Life in Pursuit of Gravity
erschien 2024 bei Princeton University Press.

Mit 13 Abbildungen

MIX
Papier | Fördert gute Waldnutzung
FSC® C083411

ISBN 978-3-351-04177-9

Aufbau ist eine Marke der Aufbau Verlage GmbH & Co. KG

1. Auflage 2024

www.aufbau-verlage.de
10969 Berlin, Prinzenstraße 85

Fachlektorat: Dr. Markus Pössel
Published by arrangement with Claudia de Rham

Einbandgestaltung Rothfos & Gabler, Hamburg
Satz LVD GmbH, Berlin
Druck und Binden CPI books GmbH, Leck, Germany

Printed in Germany

Inhalt

EINLEITUNG

Eine Reise durch die Gravitation

Gravitation. Ein vertrautes Konzept, das zwar in fast jeder Sprache und Kultur vertreten ist, um dessen Verständnis Wissenschaftler aber seit Jahrtausenden ringen. Sie ist das allumfassende Wunder, das alles im Universum überall und für immer miteinander verbindet. Universell in jeglicher Hinsicht. Wir Menschen stellen sie uns als die verborgene Kraft vor, die uns auf der Erde festhält, als die Ursache, die bewirkt, dass die Erde die Sonne umkreist, oder die Wechselwirkung, dank der die Milchstraße und ihre etlichen Hundert Milliarden Sterne überhaupt erst entstanden sind. Doch das ist nur ein schwacher Abglanz ihrer wahren Bedeutung. Gravitation ist der Grund, warum das Universum überhaupt existieren und sich entwickeln kann. Sie sorgt dafür, dass Raum und Zeit nicht bloße Kulisse, sondern Hauptdarsteller in der dramatischen Entwicklung der Realität sind.

Ich persönlich habe der Gravitation mein ganzes Leben gewidmet. Dabei nahm meine Suche nach dem Geheimnis der Gravitation in ganz alltäglichen Situationen ihren Anfang.

•

Stellen Sie sich etwa vor, Sie säßen allein im Cockpit eines kleinen einmotorigen Flugzeugs auf der Startbahn und warteten geduldig auf das Zeichen der Flugleitung (eine mir äußerst vertraute Situation). Vier einfache Wörter – *clear to take off* – wirken wie ein Zauberspruch: Sie lösen eine exakte Ereignisfolge aus, die vor 120 Jahren noch unmöglich gewesen wäre: Ein Objekt von einer Tonne Gewicht wird hoch in die Luft gehoben und dort zum Schweben gebracht. Während die Maschine die Stadtbahn entlangrast, werden Sie mit dem Rücken in den Schaumstoff ihrer Sitze gepresst, weil Sie horizontal auf eine Geschwindigkeit von 100 bis 200 km/h beschleunigt werden. Paradoxerweise ermöglicht diese waagerechte Geschwindigkeit dem Schub unter den Flügeln, die senkrecht wirkende Gravitation zu überwinden und Sie himmelwärts zu heben. Während Sie auf Reisehöhe steigen, wird die kleine Maschine bereits von der geringsten Turbulenz durchgeschüttelt. Einen Augenblick fühlt es sich an wie in einer Schneekugel gefangen und der Willkür irgendeines riesigen, boshaften Schüttlers ausgeliefert zu sein – bis Sie sich daran erinnern, dass eine kleine Justierung des Seitenruders, eine leichte Korrektur des Höhenruders und eine sanfte Drehung des Querruders genügen, um elegant auf dem Luftstrom zu surfen – zugleich vom Druck nach oben geschoben und von der Gravitation nach unten gezogen.

Neben der grenzenlosen Freiheit über den Wolken, die ja nicht jedermanns Sache ist, bin ich in meinem Leben früh in die blaue Tiefe des Ozeans hinabgetaucht und habe mich einige Dutzend Meter unter der Wasseroberfläche zu den Tausenden von Korallenfischen gesellt. Während Sie dort unten die heitere Gelassenheit der Unterwasserwelt betrachten, umfängt Sie eine Stille, die nur von wenigen Geräuschen unterbrochen wird – dem Knistern des vibrierenden Korallenriffs und Ihrem Atem, wenn Sie langsam die Luft aus ihrer Flasche ein- und dann in kleinen, an die Oberfläche schießenden Blasen ausatmen. Mit jedem Atenmzug dümpelt Ihr Körper ein paar Zentimeter auf und ab, während sich der Luftdruck in Ihren Lungen gegen die Gravitationskraft und gegen die auf jeder Zelle Ihres Körpers lastende Masse der Wassersäule stemmt.

Doch um das wahre Gefühl der Schwerelosigkeit zu erleben, muss man im All schweben, dem Zugriff der Gravitation scheinbar vollkommen entzogen. Dort ist das Gefühl der Freiheit keine Illusion mehr – es gibt keine Stricke, an denen zu ziehen, und keinen Druck, dem entgegenzuwirken wäre. Betrachtet man die Erde aus dem Orbit, erlebt man die absolute Freiheit des »freien Falls« – ein Begriff, der tief in unserer Vorstellung von der Gravitation verankert ist, obwohl er ein Luxus ist, in dessen Genuss bisher nur wenige kamen.

In meinem eigenen Leben habe ich also die Freuden des Fliegens und Tauchens erfahren. Die Gelegenheit, ins All zu gelangen, habe ich nur sehr knapp verpasst. Aber wir brauchen keine technischen Wunderwerke wie Flugzeuge, Taucherausrüstungen oder Space Shuttles, um mit der Gravitation zu experimentieren. Schon wenn wir ganz einfache Dinge tun – einen Ball werfen, in einer Hängematte schwingen oder einen Stein auf dem Wasser hüpfen lassen –, sind wir Wissenschaftler, die ihre persönlichen Experimente durchführen und ihre eigenen Schlüsse über dieses so universelle wie geheimnisvolle Phänomen ziehen.

Doch was geht in diesen Augenblicken tatsächlich vor? Was ist Gravitation? Die Frage wirkt naiv, und trotzdem scheint sich die Antwort hinter schwer verständlichen physikalischen Gesetzen zu verbergen. Physikalische Phänomene werden oft als eine Reihe schwieriger Grundregeln dargestellt – Archimedisches Prinzip, Newtons Gravitationsgesetz, Bernoulli-Prinzip und so fort –, denen die Natur bedingungslos zu gehorchen hat. Natürlich sind diese Gesetze entscheidend für unser Verständnis der Welt und der Struktur der Realität. Sie haben gezeigt, dass der Auftrieb Schiffen das Schwimmen ermöglicht und dass der Druckunterschied, der durch die Luftbewegung unter den Flügeln hervorgerufen wird, Vögel und Flugzeuge befähigt, den Himmel zu durchkreuzen. Sie haben uns instand gesetzt, einen Mann – und hoffentlich bald auch eine Frau – auf den Mond zu schicken. Doch wer behauptet, diese Gesetze seien in Stein gemeißelt, verleugnet unsere Wissenschaftsgeschichte. Weit davon entfernt, sich unverrückbar und unverändert zu zeigen, entwickeln sich das Verständnis und die Bewertung dieser Gesetze unablässig fort.

Galileo Galilei, Isaac Newton, Albert Einstein, Stephen Hawking, Roger Penrose, Andrea Ghez und zahllose andere brillante Forscher haben unser Verständnis der Gravitation jeweils durch neue Perspektiven ergänzt, aber unsere Reise ist noch längst nicht zu Ende. Verstehen Sie dieses Buch als eine Einladung, mich auf der Suche nach der Bedeutung der Gravitation für die Struktur unserer Realität zu begleiten. Glücklicherweise werden wir den größten Teil dieses Abenteuers nicht allein bestreiten müssen, sondern können uns der Führung einiger der bedeutendsten Denker der letzten Jahrhunderte anvertrauen – zumindest so lange, bis wir den Rand der Karte des etablierten Wissens erreichen. Von dort aus werden wir einige tastende Schritte ins Unbekannte wagen. Doch beginnen wird unsere Reise in gut vermessenen Gebieten und in Begleitung verlässlicher Gefährten.

•

Mit der Erkenntnis, dass Gravitation eine universelle Kraft sein muss, die auf alles einwirkt und alle Körper ungeachtet ihrer Masse in derselben Weise beschleunigt, lieferten Galilei, Kepler und Newton das erste entscheidende Teil des Puzzles. Diese Entdeckung überwand das jahrhundertealte aristotelische Dogma und verlieh dem Begriff der *Trägheit* eine vollkommen neue Bedeutung.

Allgemein bekannt wurde diese Sichtweise, als der italienische Astronom und Physiker 1632 seine Schrift »*Dialog über die beiden hauptsächlichen Weltsysteme*« (»Dialogo sopra i due massimi sistemi del mondo«) veröffentlichte. Dort verkündete Galilei eine neue kopernikanische Revolution, die nicht nur darin bestand, der Erde ihre Sonderstellung im Sonnensystem abzusprechen – sondern auch, die Idee zu verwerfen, dass irgendein Mensch oder Objekt jemals in Hinblick auf die Naturgesetze eine Sonderstellung beanspruchen könne.

Zur Erklärung dieser Behauptung betrachtete Galilei die Welt mit den Augen eines Seemanns, der in eine große Kabine unter Deck eines fahrenden Schiffes eingeschlossen ist. Unfähig, die Welt draußen zu sehen, vertreibt er sich die Zeit damit, »Mücken, Schmetterlinge und anderes Getier« zu beobachten, die ebenfalls in der Kabine gefangen sind. Galileo erkannte, dass der Seemann nicht angeben kann, ob das Schiff in Ruhe ist oder sich mit konstanter Geschwindigkeit bewegt – zumindest nicht durch Beobachtung der geflügelten Tierchen. Warum? Ganz einfach: Wenn das Schiff sich mit konstanter Geschwindigkeit bewegt, so gilt das auch für alles andere an Bord einschließlich der Luft, in der die Mücken und Schmetterlinge umherflattern. Der unter Deck eingeschlossene Seemann kann die Bewegung der Insekten nur relativ zum Inneren der Kabine beobachten. Mit Hilfe dieses Gedankenexperiments, das die Bedeutung der *relativen* Bewegung verdeutlicht, erklärt Galilei, wie die Erde rotieren kann, ohne dass wir dies direkt bemerken. Mehr noch, sobald wir uns klargemacht haben, dass wir nicht in der Lage sind, zwischen einem Schiff in Ruhe und einem Schiff in gleichförmiger Bewegung zu unterscheiden, können wir allgemeiner schließen, dass die Gesetze der Physik für jeden Beobachter mit gleichförmiger Geschwindigkeit dieselben sein müssen, egal, *wie* schnell er unterwegs ist.

Dieses »galileische Relativitätsprinzip« – die Erkenntnis, dass die Naturgesetze gleich sind, egal, wer sie beschreibt – ist Teil von Newtons erstem Axiom der Mechanik, nach dem jeder Körper in Ruhe oder in gleichförmiger, geradliniger Bewegung bleibt, solange er nicht durch Einwirkung einer äußeren Kraft gezwungen wird, seinen Zustand zu verändern.[1] Newton erkannte, dass *frei zu sein* das Privileg ist, eine Bewegung ungestört und mit gleichbleibender Geschwindigkeit fortzusetzen. Ausgehend von Kepler, der die Gesetze der Planetenbewegung entwickelte, führte diese Erkenntnis 1687 zu Newtons Gravitationsgesetz. Danach ist die Kraft, die zwischen zwei Teilchen mit Masse (im Sprachgebrauch der Physik: massiven Teilchen) herrscht, eine *universelle* und *instantan* (augenblicklich) wir-

---

1 Diese Idee ersetzte den aristotelischen Begriff der *Trägheit*, des Bestrebens, immer langsamer zu werden und in einen Zustand absoluter Ruhe zu gelangen. Im Gegensatz zu Aristoteles, der meinte, Kräfte seien notwendig, um eine konstante Geschwindigkeit beizubehalten, erkannte Newton, dass *Kräfte* zu *Beschleunigungen* (Geschwindigkeitsveränderungen) führen. In unserer Alltagswelt wirkt die Reibung von Luft und Boden als Kraft, die uns auf natürliche Weise abbremst (negative Beschleunigung). Doch im All, wo es keine Luft und keine Reibung gibt, sind die Objekte frei und behalten eine gleichförmige Geschwindigkeit bei.

kende Kraft, deren Intensität mit dem Quadrat des Abstands zwischen den beiden Teilchen abnimmt.

Newtons Gesetz, das viele von uns in der Schule gelernt haben, beschreibt, wie ein Objekt, das man fallen lässt, unerbittlich von der Masse der Erde angezogen wird. Doch die universelle Natur der Gravitation greift weit über dieses einfache Phänomen hinaus. Sie manifestiert sich in allem und jedem, gleich, wie Objekt und Abstand beschaffen sind. 1798 gehörte Henry Cavendish zu den ersten Naturforschern, die die Theorie exakt in einem Labor überprüften. Mehr als drei Jahrhunderte nach seiner Entdeckung hat sich Newtons Gravitationsgesetz eindrucksvoll bewährt – bei Abständen von einem Zehntel der Dicke eines menschlichen Haars bis zu Entfernungen, die sich über Milliarden Kilometer erstreckten. Tatsächlich ist Newtons (universelles) Gravitationsgesetz so grundlegend, dass sich mit ihm auch heute noch die Entwicklung unseres Universums weitgehend vorhersagen lässt, vom Gravitationskollaps dunkler Materie bis zur Bildung von Galaxienhaufen und der Entstehung des Sonnensystems.

Jahrhunderte vergingen, bevor einige Beobachtungsdaten erste leise Zweifel an der Allgemeingültigkeit von Newtons Gravitationsgesetz weckten. Aus heutiger Sicht hätte allerdings bereits die Idee, die Gravitationsanziehung könne zwischen zwei beliebigen Körpern *augenblicklich* wirken, ein Warnzeichen sein müssen. Nach Newtons einfachem Gesetz müssten sich zwei Körper bei ihrer Entstehung ja ohne die geringste Verzögerung anziehen.

Ganz gleich, was wir unter Anziehung verstehen, dürfte klar sein, dass sie nicht instantan wirken kann. Selbst wenn es sich um Liebe auf den ersten Blick handelt, muss man zunächst einmal die andere Person sehen (das heißt, mit ihr »kommunizieren«, wenn auch nicht unbedingt sprachlich), damit die Anziehung stattfinden kann. In einem Brief an Richard Bentley brachte Newton selbst sein Unbehagen an dem Begriff eines instantanen Gesetzes zum Ausdruck[2] [1]. Auf die Implikationen dieses Problems werde ich später genauer eingehen.

•

Zwei Jahrhunderte später veröffentlichten die amerikanischen Forscher Albert Michelson und Edward Morley die Ergebnisse ihres berühmten »gescheiterten Experiments«, womit sie eine neue wissenschaftliche Revolution auslösten. Kurz darauf erweiterte Einstein unseren Relativitätsbegriff, indem er zunächst Galileis Bewegungslehre durch die spezielle Relativitätstheorie ersetzte und dann mit der allgemeinen Relativitätstheorie unser heutiges Verständnis der Gravitation schuf.

Gestützt auf diese Theorien, ist ein neues Bild vom Universum entstanden, in dem Gravitation auf tiefster Ebene mit dem Gefüge von Raum und Zeit verknüpft und vereinigt ist.

Heute ist mehr als ein Jahrhundert seit Einsteins bahnbrechenden Entdeckungen vergangen, und die allgemeine Relativitätstheorie steht auf stabilerer Grundlage als je zuvor. Die Gravitationstheorie ist sehr gründlich überprüft worden, und die Ergebnisse deckten sich auch unter extremsten Bedingungen mit

---

2 »Es ist unvorstellbar, daß unbelebte Dinge ohne die Vermittlung durch irgend etwas, das keine materielle Natur besitzt, auf andere Dinge einwirken sollten, ohne gegenseitigen Kontakt, so wie es sein müßte, wenn die Gravitation, im Sinne von Epikur, eine Wesenseigenschaft der Dinge wäre und ihnen innewohnte. Und dies ist ein Grund, warum ich wünschte, Sie würden mir die angeborene Gravitation nicht zuschreiben.«

Einsteins Vorhersagen. Wir haben dank der Gravitationswellen die Kraft entdeckt, die der Gravitation selbst innewohnt. Zugleich haben wir durch die Atom-, Kern- und Teilchenphysik sowie die zahlreichen technologischen Fortschritte des Elektronik- und Computerzeitalters sehr viel genauere Kenntnisse über die Quantennatur unserer Welt erworben.

Parallel zu diesen Fortschritten bringen wir in dem Bestreben, unsere Welt besser zu verstehen, ständig neue Ideen und Theorien hervor. Doch bislang ist noch keine davon über Einsteins allgemeine Relativitätstheorie hinausgelangt, obwohl wir zweifellos eine neue Theorie brauchen. Denn eines machte die allgemeine Relativitätstheorie von Anfang an sehr deutlich: Ab einem bestimmten Punkt muss sie versagen. Dort beginnt ein völlig neuer Bereich der Physik, der noch auf eine Erklärung wartet. Aus diesem Scheitern ergibt sich die Gelegenheit, die Natur auf einer noch tieferen Ebene zu erkunden und zu verstehen.

Im Fortgang unserer Reise werden wir sehen, dass sich die Gravitation unter einem modernen Blickwinkel auch als Manifestation eines Elementarteilchens, des Gravitons, beschreiben lässt – so wie der Elektromagnetismus die Manifestation des Photons, des Elementarteilchens des Lichts, ist.

Genauso wie wir *Licht* »sehen« können, das sich in Gestalt elektromagnetischer Wellen in Raum und Zeit ausbreitet, können wir heute die Gravitationswellen (ich nenne sie *Glicht* [*glight*]) hören, während sie direkt in der Raumzeit Störungen hervorrufen. Da wir mittlerweile den siebten Jahrestag der ersten Entdeckung von Gravitationswellen begehen, ist die Existenz von Glicht über jeden Zweifel erhaben. Seine Entdeckung eröffnete nie da gewesene Möglichkeiten, den vielen Geheimnissen auf die Spur zu kommen, die unser Universum bisher nicht preisgegeben hat.

Welchen Ursprung hat das Universum? Was hat es mit den dunklen Bestandteilen des Universums auf sich, die seine Struktur und Entwicklung bestimmen, aber von unseren Instrumenten nicht direkt erfasst werden? Welches Schicksal erwartet uns? Diese grundlegenden Fragen verlangen nach einer Antwort. Und wer würde sich nicht gern auf die Suche nach ihr begeben?

Unsere Reise wird uns also bis an den Rand des kartierten Gebiets führen. Während Einstein mit seiner allgemeinen Relativitätstheorie natürliche und elegante Antworten auf einige der verwirrendsten Fragen zum Wesen der Gravitation geliefert hat, wirft er auch etliche Fragen auf, mit denen wir immer noch ringen. Wie kommt es beispielsweise, dass die Beiträge bekannter Teilchen, die wir in unseren unterirdischen Teilchenbeschleunigern so gut verstehen, auf das Universum in einer Art einwirken, die wir noch nicht einmal ansatzweise begreifen?

Bei dem Versuch, die Entwicklung unseres Universums mit der fundamentalen Quantennatur der Welt in Einklang zu bringen, werden wir gezwungen sein, uns um ein neues Verständnis der Gravitation zu bemühen. Was wäre, wenn sie sich in großen kosmologischen Maßstäben anders verhielte, als die allgemeine Relativitätstheorie vorhersagt? Was wäre, wenn die lange Zeit für masselos gehaltene Gravitation doch Masse besäße? Diese Idee ist fast so alt wie die allgemeine Relativitätstheorie selbst und wurde von einigen der bedeutendsten Wissenschaftlern des letzten Jahrhundert erforscht. Bis vor Kurzem sind alle Versuche, die Idee vernünftig auszuformulieren, hoffnungslos gescheitert. Doch das ist nicht etwa das Ende unserer Reise, sondern der Beginn ihrer aufregendsten Etappe. Denn von dort aus werde ich Sie auf die neuen Wege führen, die meine Kollegen und ich in unserem Bemühen um ein tieferes Verständnis der Gravitation entdeckt haben.

Diese Wege könnten uns einen völlig neuen Ansatz zum Verständnis der Gravitation ermöglichen. Zwar werden sie uns keine endgültigen Antworten auf all unsere Fragen liefern, aber wenn wir erkunden, wie die Gravitation sein *könnte*, werden wir möglicherweise ein klareres Bild von der Natur und ihrer ganzen Vielfalt erhalten.

•

Gravitation ist eines der ersten physikalischen Phänomene, die uns bewusst werden, und der Wunsch, ihre Grenzen zu testen, ist fast universell. Als Babys schubsen wir unsere Spielsachen immer wieder vom Tisch und beobachten, wie sie zu Boden fallen (und wie unsere Eltern sie uns wieder zurückbringen). Als Kinder hüpfen wir endlos auf dem Trampolin und schauen, wie hoch wir kommen, bevor wir wieder in Richtung Erde zurückgezogen werden. Wir lassen am Meer Steine über das Wasser hüpfen und bestaunen die Schönheit der Wellenkaskaden. In allen Fällen spielen wir mit diesem hartnäckigen Phänomen und versuchen, ihm entgegenzuwirken. Sein ständiger Widerstand bringt Beschwernis in unser Leben, doch statt ihm auszuweichen, lassen wir uns mit Freuden darauf ein.

Während wir so frei durch die Krümmung der Raumzeit fallen wie durch unser Leben, bemerken wir, dass unsere Reise durch Zeit und Raum – mag sie auch ungebunden und direkt erscheinen – alles andere als geradlinig verläuft. Sicherlich wäre sie nicht vollständig ohne ihren Teil an Hindernissen und Fehlschlägen. Diese zu akzeptieren und die Schönheit des Fallens zu würdigen ist unabdingbar, wenn wir bei unserer nie endenden Suche Fortschritte erzielen wollen. Alle bislang entwickelten Gravitationstheorien bewiesen den Mut zum Scheitern. Das Scheitern in Kauf zu nehmen, heißt, es nicht als beschämenden Schlussstrich anzusehen, sondern als eine Gelegenheit zu einem tieferen Verständnis der Natur.

Meine Suche nach dem Geheimnis der Gravitation gehört nicht nur mir, nicht nur meinen Kollegen, nicht nur Einstein oder Newton mit ihren Entdeckungen; sie ist unser *gemeinsames* Abenteuer, Ihres nicht weniger als das der großen Forscher, die den Weg gebahnt haben. Die Reise begann vor Jahrtausenden und wird vielleicht niemals enden. Unterwegs können wir hoffen, Erkenntnisse zu gewinnen, die das Leben künftiger Generationen bereichern.

KAPITEL 1

Eine Universalsprache

Obwohl meine Muttersprache Französisch ist, lernte ich sie von einer schwedischen Mutter, während wir in verschiedenen Ketschua-Provinzen Perus lebten. Rückblickend ist es vielleicht keine große Überraschung, dass ich in allen Sprachen, in denen ich mich versuchte, ein oder zwei Schwächen und einen unidentifizierbaren Akzent entwickelte. Als ich Anfang zwanzig an der École Polytechnique in Paris studierte, lobte man mich häufig, dass ich so rasch Französisch gelernt hätte. Eine niederschmetternde Feststellung, hatte ich mich dieser Sprache doch seit zwanzig Jahren bedient. Einige Jahre später zog ich nach Kanada. Dort wechselten die Quebecer, wenn sie sich mit mir unterhielten, höflich ins Englische, weil sie (völlig zu Recht) annahmen, ich fühlte mich in ihrer Sprache nicht ganz zu Hause. Ironischerweise verfuhren die englischsprachigen Kanadier genau umgekehrt. Und als ich am Steuerknüppel der winzigen Diamond DA20 Katana saß, in der ich Fliegen lernte, trauten die Fluglotsen ihren Ohren nicht, als ich um Landeerlaubnis auf dem *highway* bat – der Schnellstraße – statt auf dem *runway* – der Landebahn.

Tatsächlich hatte ich immer schon Mühe, die richtigen Wörter zu finden. Als ich zwei Jahre alt war, zogen wir nach Ayacucho, einer schönen Region der peruanischen Anden. Das war ein magischer Ort für ein Kind; unvergesslich die leuchtenden Farben des Marktes und die Musik, von der man ständig umgeben war. Doch Ayacucho war auch der Stützpunkt des Sendero Luminoso, des Leuchtenden Pfads, einer linksterroristischen Organisation. Während wir eines Nachmittags bei einem Freund Geburtstag feierten, wurde das Fest jäh durch Schüsse in den umgebenden Hügeln unterbrochen. Meine Eltern packten mich sofort ins Auto. Einige Zeit nach dem überstürzten Aufbruch hielt man uns an einem Checkpoint an, wo einer der Soldaten den Lauf seiner Waffe auf das Ohr meines Vaters richtete. Von Panik ergriffen, rief ich mehrmals hintereinander »*Dis Pare!*« (französisch für »Sag ihm!«, spanisch für »Stop!«). Zum Entsetzen meiner Familie hatte ich vergessen, dass »*Dispare!*« auf Spanisch »Schießt!« heißt. Glücklicherweise achteten die Soldaten nicht auf mein Gestammel.

Obwohl sich meine Übersetzungsfehler als relativ harmlos – wenn nicht gar komisch – erwiesen, war ich immer bestrebt, Zugang zu einer verlässlicheren, universelleren Sprache zu finden, in der sich die Welt jenseits aller Worte und Missverständnisse erklären ließ. Als Kind fand ich Trost in einfachen Regeln, die mir immer sehr viel klarer erschienen als die Wörter, um die ich mich bemühte. Alles, was ich sah, schien einfachen Regeln zu folgen, sogar die nicht zu rechtfertigenden Taten des Leuchtenden Pfads.

Dessen Taktik blieb sich immer gleich, egal, ob seine Mitglieder in das örtliche Gefängnis eindrangen, um wichtige Gefangene zu befreien, Regierungsgebäude angriffen oder Zivilisten kidnappten. Unmittelbar bevor sie aus ideologischen Gründen irgendjemanden oder etwas angriffen, jagten sie nach Sonnenuntergang eine Hochspannungsleitung in die Luft, woraufhin die ganze Stadt im Dunkel lag. Bald war mir die Regel klar: Ich zählte bis zehn, und dann brach der Hexenkessel los. Ich hörte Geschrei, sah Schüsse und erblickte überall Angst und Leid. Am lebhaftesten erinnere ich mich aber an den Zehn-Sekunden-Countdown bis zu den Überfällen: Während dieses Zeitraums verspürte ich keine Panik, weil mir die 10-Sekunden-Regel, die niemals versagte, Halt gab.

Ganz gleich, unter welchen Umständen wir leben, alle haben wir das instinktive Bestreben, die Welt, die uns umgibt, zu verstehen, aus ihr Gesetze abzuleiten, die unsere Beobachtungen erklären und uns zu Vorhersagen befähigen. Das ermöglicht uns, das zuvor Unverständliche zu verstehen, woraus sich – zum Teil – der Erfolg unserer Spezies erklärt. In meinem Fall vollzog sich die Einsicht in diese Muster und Strukturen unserer Welt allmählich – zunächst entwickelte ich Modelle für die Dinge, die mir als Kind unerklärlich waren, dann ergriff mich Ehrfurcht vor dem Unbekannten, ich lernte die Freuden des Entdeckens kennen und verspürte schließlich den Wunsch, einige der Rätsel des Universums zu lösen.

Ich weiß noch genau, dass ich als Fünfjährige in einer Hängematte schaukelte – es war in einem Vorort der Stadt Iqitosa, die an der Grenze zum peruanischen Amazonasgebiet liegt – und ein Gefühl grenzenloser Schwerelosigkeit empfand. Als ich dabei die Sterne erblickte, die durch das Geäst der tausendjährigen Bäume funkelten, konnte ich mir fast vorstellen, im Weltraum zu schweben und die Schwerkraft zu bezwingen. Seither übt dieses Phänomen eine unwiderstehliche Faszination auf mich aus. Sie treibt mich heute, als Wissenschaftlerin, die sich um ein tieferes und allgemeineres Verständnis der Natur bemüht, noch immer an.

Zwar scheinen wissenschaftliche Untersuchungen nur noch von mathematischen Lehrsätzen und physikalischen Gesetzen geleitet zu sein, die tiefsten Entdeckungen jedoch verdanken wir in erster Linie: Leidenschaft und Neugier.

Wir sind alle mit ganzer Seele Wissenschaftler, erkennen Muster, erschließen ihre Bedeutungen und sagen Ergebnisse in einer Sprache voraus, die sich von allen anderen Kommunikationsweisen unterscheidet. Sie hilft uns bei dem Versuch, die Muster der Natur zu verstehen und Einblicke in das Wesen der Realität zu gewinnen – wie etwa in die elegante Universalität der Gravitation.

Die Universalität der Lichtgeschwindigkeit

Von der vor mehr als dreitausend Jahren entstandenen chinesischen Astronomie bis zu den jüngsten Entdeckungen des James-Webb-Weltraumteleskops verdankten wir letzten Endes dem Licht jede Beobachtung, die uns gelang, jeden Hinweis, den wir erhaschten. Das Licht hat uns als wertvoller, absolut zuverlässiger Bote gedient, entweder mittels unserer Augen oder durch Teleskope, Beobachtungen und andere Experimente. Doch erst in den letzten Jahrhunderten begriffen wir allmählich, was das Licht wirklich ist.

Nach einer Reihe von Entdeckungen fasste der schottische Physiker und Mathematiker James Clerk Maxwell 1861 die Erkenntnisse von Jahrtausenden in einigen bemerkenswert einfachen Gleichungen zusammen. Die »Maxwell-Gleichungen«, wie sie heute heißen, beschrieben alles, was man damals über die elektrischen und magnetischen Kräfte wusste, und vereinigten sie zu einem »elektromagnetischen Feld«. Vier Jahre später leitete Maxwell aus diesen Gleichungen ab, dass sich Störungen im elektrischen Feld wie Wellen verhalten und ausbreiten. Ihre errechnete Geschwindigkeit lag »so nahe an der des Lichts«, dass sich Maxwell die Schlussfolgerung regelrecht aufdrängte, beim Licht handle es sich um nichts anderes als elektromagnetische Wellen, womit er eine Vermutung bestätigte, die Michael Faraday 1846 geäußert hatte [2].

In gewisser Hinsicht verhält sich das Licht wirklich wie die Wellen, die sich über die Oberflächen der Meere bewegen, oder wie Schallwellen, die sich in der Luft ausbreiten. Tatsächlich sind sichtbares Licht, Radiowellen, Mikrowellen, Röntgenstrahlen, Gammastrahlen, ultraviolette und infrarote Strahlung letztlich dasselbe: Licht. Der einzige Unterschied liegt in der Wellenlänge – dem Abstand zwischen zwei aufeinanderfolgenden Wellenbergen. Wie Musik aus Tönen mit unterschiedlichen Tonhöhen zusammengesetzt ist, ergeben sich verschiedene Farben aus Licht mit längeren oder kürzeren Wellenlängen. Beispielsweise hat rotes Licht eine längere Wellenlänge als blaues.

Manchmal bezeichnet man mit dem Wort »Licht« ausschließlich den sichtbaren Bereich des Spektrums – elektromagnetische Wellen mit Frequenzen oder Wellenlängen, die das menschliche Auge wahrnimmt (ungefähr zwischen 400 und 700 nm). Doch alle Arten elektromagnetischer Wellen sind einander, unabhängig von der Wellenlänge, grundsätzlich gleich. Im Prinzip könnten elektromagnetische Wellen so kurz wie die Planck-Länge sein – 10^{-35} Meter, also zehn Milliarden Milliarden Milliarden Mal kürzer als sichtbares Licht. Am anderen Ende des Spektrums, tief im infraroten Bereich, befinden sich Radiowellen, die einige Hunderttausend Kilometer lang sind. Längere lassen sich auf der Erde nicht entdecken. Jenseits unseres Planeten könnten wir theoretisch elektromagnetische Wellen beobachten, die so lang wie das beobachtbare Universum sind – ungefähr eine Million Milliarden Milliarden Kilometer. Für unsere Zwecke brauchen wir nicht zwischen Wellen im sichtbaren Frequenzbereich und im infraroten oder ultravioletten zu unterscheiden. Wir werden jede elektromagnetische Welle, ungeachtet ihrer Frequenz, als »Licht« bezeichnen.

Licht braucht wie der Schall Zeit, um sich auszubreiten (wenn auch weit weniger). Nach Maxwells Theorie breiten sich Lichtwellen mit einer bestimmten Geschwindigkeit durch den leeren Raum aus. Zu seiner Zeit ging man davon aus, dass Wellen sich dabei in einem Medium bewegen. So wie Meereswellen Schwingungen des Mediums Wasser sind und Schallwellen sich in vielen verschiedenen Medien fortpflanzen, etwa in der Schnur einer Blechdose, die Kinder als Spielzeugtelefon benutzen (ohne ein Medium, das den Schall trägt, herrscht vollkommene Stille, wie wir seit der unheimlichen Warnung aus dem Film *Alien* wissen: »Im All kann dich niemand schreien hören.«). Maxwell nahm also an, dass auch das Licht sich durch ein Medium bewegen müsse. Dieses nannte man »Lichtäther« – ein Stoff, der das ganze Universum durchdrang. Die Suche nach Spuren dieses Lichtäthers verlangte ein hohes Maß an experimenteller Genauigkeit, doch die anfänglichen Versuche, ihn nachzuweisen, waren wenig ermutigend. Sie gipfelten in einem der berühmtesten gescheiterten Experimente in der Geschichte der Wissenschaft: dem Michelson-Morley-Experiment. Bevor wir uns mit ihm beschäftigen, schließlich wurde es schon in der Einleitung erwähnt, zuvor einige kleine Vorbemerkungen zur Geschwindigkeit des Lichts.

Bei dieser gab es im Gegensatz zur vergeblichen Suche nach dem Lichtäther bald Gewissheit und auch eine große Genauigkeit bei ihrer Bestimmung – rund 300 Millionen m/s im leeren Raum (den wir das Vakuum nennen). Heute können wir die Lichtgeschwindigkeit noch genauer messen: 299 792 458 m/s.[3] Der Umstand, dass Licht sich *immer* mit derselben Geschwindigkeit im leeren Raum ausbreitet, ist eine der Weisheiten, die wir alle schon häufig vernommen haben und für selbstverständlich halten. Aber was bedeutet das genau? Auf den ersten Blick scheint es so, dass die Natur es ausnahmsweise einmal gut mit uns gemeint hat, weil diese Konstanz auf eine gewisse Einfachheit schließen lässt. Um dieses Gesetz jedoch in seiner ganzen Bedeutung und Besonderheit zu begreifen, wählen wir ein Gedankenexperiment: Stellen wir uns ein Auto vor, das sich mit einer Geschwindigkeit von 30 km/h fortbewegt. Und dann einen Fußgänger, der auf dem Bürgersteig steht und sieht, wie ein Auto mit 30 km/h die Straße entlangfährt, gefolgt von einem Fahrrad, das es auf die respektable Geschwindigkeit von 20 km/h bringt. Vom Blickpunkt des Radfahrers bewegt sich das Auto mit einer Geschwindigkeit, die 10 km/h schneller als die eigene ist. Der Radfahrer beschleunigt daraufhin, was ihn keine allzu große Kraft zu kosten scheint, um Seite an Seite mit dem Auto zu fahren. Aus dem Blickwinkel eines Fußgängers fahren Auto und Fahrrad nun mit der gleichen Geschwindigkeit. Aus Sicht des Radfahrers bewegt sich das Auto weder

3 Wenn Sie sich fragen, wie genau dieser Wert ist, lautet die Antwort, dass der hier genannte Wert tatsächlich auf unendlich viele Nachkommastellen genau ist. Heute gilt die Lichtgeschwindigkeit im Vakuum als eine so fundamentale Größe, dass sie unserer Definition der Entfernung übergeordnet ist – die Bestimmung des Meters wird aus ihr abgeleitet. Ein Meter wird heute als die Entfernung *definiert*, die das Licht in einem Vakuum in einer 1/299 792 458tel Sekunde zurücklegt.

schneller noch langsamer als sein Rad: Die Geschwindigkeit des Autos relativ zum Fahrrad wäre dann gleich null. Zumindest würden wir das aus unserem instinktiven Verständnis der Addition von Geschwindigkeiten schließen, eine Idee, die uns nach der Begegnung mit dem galileischen Relativitätsprinzip in der Einleitung vertraut ist (tatsächlich ging Galilei von genau dieser intuitiven Idee über die Addition von Geschwindigkeiten aus, als er den Beobachter beschrieb, der mit Faltern in der Kabine eines fahrenden Schiffes eingeschlossen ist).

Nach dieser Logik lautete der wissenschaftliche Konsens in der zweiten Hälfte des 19. Jahrhunderts, dass die Geschwindigkeit des Lichts bei seiner Bewegung durch den Lichtäther nur für diejenigen Beobachter ein und denselben Wert hätte, die sich relativ zum Lichtäther in Ruhe befänden. Wer sich wiederum durch den Äther bewegte, würde jeweils eine andere Geschwindigkeit messen. Beispielweise müsste unser Radfahrer eine etwas andere Lichtgeschwindigkeit messen als jemand, der auf dem Bürgersteig steht oder bequem in seinem Wohnzimmer sitzt. Natürlich wäre der Unterschied zwischen dem, was der Radfahrer misst, und dem Wert, den die stehende/sitzende Person ermitteln würde, lächerlich klein im Vergleich zur tatsächlichen Lichtgeschwindigkeit – ungefähr um acht Größenordnungen kleiner. Außerdem ist es ein Unterschied, der mit den technischen Geräten des 19. Jahrhunderts nicht nachweisbar gewesen wäre. Wenn wir allerdings höhere Geschwindigkeiten betrachten, wie etwa die Bewegung der Erde bei der Umkreisung der Sonne, sollten wir interessante Effekte entdecken können. So lautete also der Konsens Ende des 19 Jahrhunderts.

Während Sie im Sessel sitzen und dieses Buch lesen, rasen Sie zusammen mit dem ganzen Planeten auf dessen Umlaufbahn um die Sonne, mit der beachtlichen Geschwindigkeit von 30 km/s. Zwar gibt es in Hinblick auf unser Leben und das Schicksal der Erde keine großen Gewissheiten mehr, doch ich erwarte trotzdem, dass sich die Erde in einem halben Jahr auf der anderen Seite der Sonne befindet und sich dann in die entgegengesetzte Richtung bewegt. Wenn Galilei recht hat, folgt daraus, dass eine Messung der Lichtgeschwindigkeit zum jetzigen Zeitpunkt ein Ergebnis zu Tage fördern *sollte*, das sich geringfügig von dem unterscheidet, das wir in sechs Monaten bekommen werden. Da sich die Erde außerdem fortwährend um sich selbst dreht, während sie die Sonne umkreist, und da die Sonne das Zentrum unserer Galaxie (mit rund 230 km/s) umrundet, sollte sich die Messung der Lichtgeschwindigkeit ständig ändern und davon abhängen, wohin wir blicken. Zumindest sollte es so sein, wenn wir Galileos Regel für die Addition von Geschwindigkeiten mit der Vorstellung verbinden, dass sich Licht mit einer bestimmten Geschwindigkeit *innerhalb* eines Lichtäthers ausbreitet wie Meereswellen auf dem Wasser.

Ein gescheitertes Experiment

Albert A. Michelson, ein Physiker vom Case Institute of Technology in Cleveland, Ohio, und Edward W. Morley, Chemiker an der benachbarten University of Western Reserve, taten sich Ende des 19. Jahrhunderts zusammen, um den Effekt des Lichtäthers, den sie mit dem des Windes verglichen, zu ermitteln. (Das war kurz bevor beide Hochschulen sich zur heutigen Case Western Reserve University vereinigten, der Universität, an der mein Mann und ich rund 135 Jahre später Arbeit fanden.) Für das von ihnen ent-

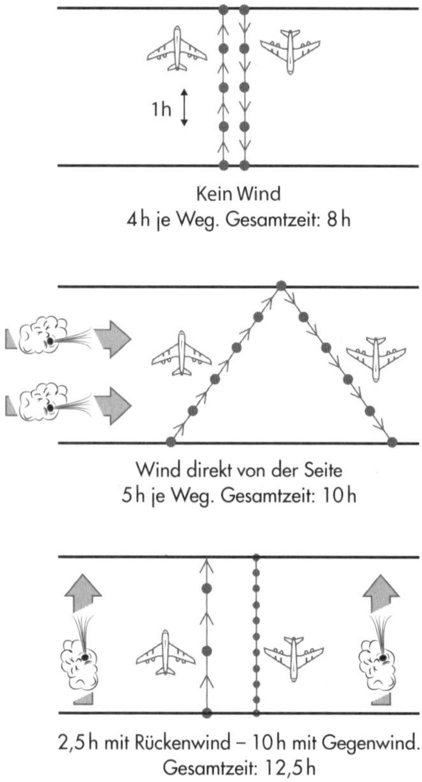

ABBILDUNG 1.1. Verspätungen bei Flügen mit sehr starken Winden. Licht, das sich in einem bewegten Lichtäther ausbreitete, würde einem ähnlichen Muster folgen.

worfene Experiment konstruierten sie eines der ersten Interferometer, ein raffiniertes Gerät, das heute in vielen Forschungsfeldern Verwendung findet.

Um zu verstehen, wie ihre Versuchsanordnung funktioniert, stellen Sie sich vor, Sie fliegen zwischen zwei Flughäfen hin und her. Bei ruhigen Bedingungen und unter Vernachlässigung von Verkehr und Erdrotation nähme jeder Flug die gleiche Zeitspanne in Anspruch. Doch was geschieht, wenn ein kräftiger Wind weht? Kommt der Wind genau von der Seite (senkrecht zur Flugbahn), wie in Abbildung 1.1, wird das Flugzeug seine eigene Flugrichtung entsprechend anpassen müssen, daher braucht es für jeden Weg etwas länger. Bläst der Wind dagegen in Richtung unseres Hinwegs, machen wir mit dem Rückenwind Zeit gut, aber verlieren etwas Zeit durch den Gegenwind auf dem Rückweg. Man könnte meinen, dass die Zeit, die wir durch den Rückenwind gewinnen, diejenige Zeit, die uns durch den Gegenwind verloren geht, einfach ausgleicht, sodass unsere Reisezeit durch den Wind insgesamt nicht beeinflusst wird. Leider kosten Gegenwinde mehr Zeit, als wir durch Rückenwinde gewinnen. In Windrichtung hin- und zurückzufliegen dauert tatsächlich länger, als senkrecht zum Wind zu fliegen.

Diese Einsicht nutzten Michelson und Morley für ihr Interferometer, um den »Lichtwind« und darüber den Lichtäther nachzuweisen. Stellen Sie sich vor, in einem Flughafen befindet sich eine Lichtquelle und in einem anderen ein Spiegel, der das Licht reflektiert. Wenn sich das Licht mit einer bestimmten Geschwindigkeit *innerhalb* eines Lichtäthers ausbreitete, aber der Äther relativ zu den Flughäfen in Bewegung wäre, würde der Äther auf das Licht genauso einwirken wie der Wind auf unser Flugzeug. Für Licht, das sich genau in Richtung des Ätherwinds ausbreitet, wird der Hin- und Rückweg länger dauern als für Licht, das senkrecht zur Richtung des Ätherwinds fliegt. Etwas genauer gesagt, teilt das Interferometer das Licht in zwei Strahlen auf, und jeder Strahl läuft durch einen von zwei rechtwinklig zueinander ausgerichteten Armen. Am Ende jedes Arms ist ein Spiegel, der das Licht reflektiert, sodass es anschließend denselben Arm wieder zurückläuft. Am Ende werden die beiden Lichtstrahlen wieder zusammengefügt. Benötigt das Licht beider Strahlen bis zu diesem Punkt genau dieselbe Zeit, sind die beiden Lichtanteile phasengleich: Die Berge und Täler ihres Wellenprofils fallen dann jeweils miteinander zusammen, Berg auf Berg, Tal auf Tal. Die beiden Strahlen interferieren in diesem Fall konstruktiv; das heißt, sie verstärken sich. Doch wenn einer der Strahlen hinter dem anderen zurückbleibt – etwa weil die Bewegung des Äthers den einen mehr als den anderen abbremst –, kommen ihre Wellenmuster beim erneuten Zusammentreffen nicht perfekt zur Deckung. Sie sind nicht mehr synchron, sondern phasenverschoben. Die Amplitude des resultierenden Signals ist infolge destruktiver Interferenz schwächer. Jede Modulation, jede Veränderung der Interferenzeffekte mit der Zeit ist folglich ein eindeutiges Anzeichen, dass sich die Geschwindigkeit des Lichts aufgrund der Bewegung der Erde durch den Äther verändert hat.

Abbildung 1.2 zeigt eine Skizze der Versuchsanordnung von Michelson und Morley. Bemerkenswerterweise war die ganze Interferometer-Apparatur im Keller von Michelsons Labor an einem riesigen Sandsteinblock befestigt, der wiederum in einer Wanne voll Quecksilber schwamm. Daher konnte sie sich in alle Richtungen drehen und verschiedene Richtungen relativ zum Ätherwind ausprobieren.

Als die Ergebnisse des Michelson-Morley-Experiments im November 1887 veröffentlicht wurden, offenbarten sie, was damals unmöglich erschien: Die Messung der Lichtgeschwindigkeit im Vakuum ergibt, anders als zuvor gedacht, immer *denselben Wert*, egal, wie schnell sich der Beobachter bewegt. Michelson und Morley entdeckten nicht den geringsten Hinweis auf irgendeine Änderung der Lichtgeschwindigkeit, obwohl sich die Erde und damit ihre Apparatur während des ganzen Experiments unstrittig durch das All bewegt hatte.

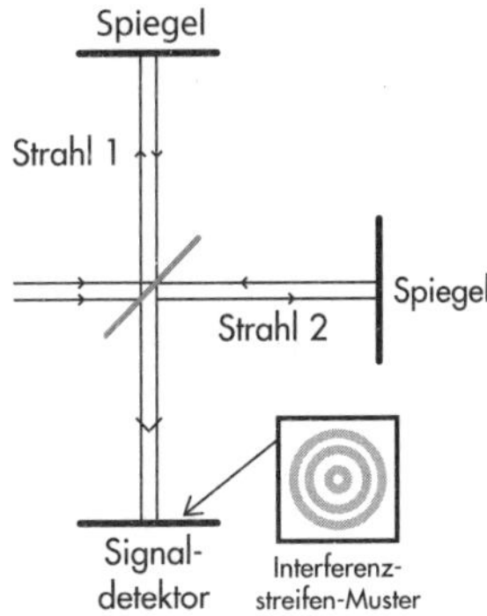

ABBILDUNG 1.2. Skizze des Interferometers von Michelson und Morley. Wenn die Geschwindigkeit des Lichts in alle Richtungen gleich wäre, würden sich beide Strahlen vollkommen synchron am Schirm überlagern. Liefe das Licht dagegen in eine Richtung langsamer als in in die andere, weil die Erde sich durch den Lichtäther bewegte, wären die Signale bei ihrem Zusammentreffen nicht mehr synchron.

Dieses Ergebnis ließ nur zwei Schlussfolgerungen zu. Entweder befand sich der Lichtäther durch ein unglaubliches und unerklärliches Wunder die ganze Zeit relativ zum Labor in Ruhe – woraus möglicherweise zu schließen war, dass Cleveland der Mittelpunkt des Universums ist –, oder das Konzept des Lichtäthers musste ein für alle Mal ad acta gelegt werden. Angesichts dieser Alternative ist es keine Überraschung, dass man sich für die zweite Möglichkeit entschied, obwohl das Meinungsbild damals nicht so eindeutig war.

Die Genauigkeit, mit der Michelson seine optischen Experimente durchführte, trug ihm 1907 schließlich den Nobelpreis für Physik ein, womit er zum ersten amerikanischen Nobelpreisträger in seiner Disziplin wurde. Dabei wäre er fast über eine Geschichte gestolpert, in der er sich alles andere als mit Ruhm bekleckerte: Zur Zeit des berühmten Michelson-Morley-Experiments war Michelson fünfunddreißig Jahre alt und befand sich in einer bösen Klemme. Ihm wurde vorgeworfen, er habe sich »unziemliche Freiheiten« gegenüber seiner Haushälterin herausgenommen, die nun gemeinsam mit ihrer Tante versuchte, ihn zu erpressen. Doch statt den Forderungen seiner Erpresserinnen nachzukommen, inszenierte er am Morgen des

10. Oktobers – einen Tag bevor Michelson und Morley ihre Ergebnisse zum ersten Mal im Cleveland's Civil Engineers' Club vortragen sollten – ein Treffen mit den Erpresserinnen. Im Beisein von Morley und einem Kriminalbeamten, der sich im Labor versteckt hatte, forderte Michelson die beiden Frauen auf, ihre Forderung zu wiederholen. Die Erpresserinnen wurden auf der Stelle festgenommen – Michelson ereilte zwei Tage dasselbe Schicksal. Aus diesem Grund musste die Bekanntgabe der Versuchsergebnisse bis Dezember warten.

Am Ende wurden alle Anklagepunkte fallen gelassen. Trotzdem wirkten sich die Ereignisse auf die wissenschaftliche Entwicklung Ende des 19. Jahrhunderts aus: Michelson und Morley hatten vorgehabt, ihr Experiment im Herbst zu wiederholen, um sicherzustellen, dass die Ergebnisse des ersten Experiments nicht nur zustande gekommen waren, weil die Erde sich zur Zeit des Experiments zufällig relativ zum Äther in Ruhe befunden hätte. Leider fand dieses Nachfolge-Experiment nie statt, zumindest nicht so, wie sich das Michelson und Morley ursprünglich gedacht hatten. Stattdessen brachten die Physiker während der nächsten zwanzig Jahre alle möglichen komplizierten Theorien hervor, die erklären sollten, warum ihr Experiment keinen Effekt nachgewiesen hatte, so zum Beispiel die Annahme, dass der Äther von der Erde mitgezogen werde. Schließlich wurde das Experiment von verschiedenen Forschern mit zunehmender Genauigkeit wiederholt, unter anderem auch von Dayton Miller an der Case Institution, der dann Dekan des Fachbereichs Physik wurde.

So unwahrscheinlich es auch zunächst erschien, am Ende musste die wissenschaftliche Gemeinschaft die verblüffende Tatsache anerkennen, dass sich das Licht, egal, wie rasch und in welche Richtung wir uns bewegen, immer die gleiche Geschwindigkeit aufweist. Allgemeiner: Es spielt keine Rolle, ob wir auf unserem Sofa sitzend mit mehr als 3500 km/h in dem schnellsten Düsenjäger der Welt fliegen oder ein Sonnenbad auf einem Kometen nehmen, der mit 100 000 km/h an der Erde vorbeischießt, das Licht wird von uns aus gesehen immer mit derselben Geschwindigkeit an uns vorbeistreichen. Das widerspricht der intuitiven Auffassung Galileis, nach der wir, sobald wir uns in Richtung einer Person (oder eines Teilchens oder einer Welle) bewegen, eine etwas andere Relativgeschwindigkeit messen müssten als zuvor. Die entscheidende Schlussfolgerung zog der junge Albert Einstein im Jahr 1905, als er den Lichtäther gänzlich verwarf. Mittlerweile wissen wir, dass Licht sich nicht in einem Medium ausbreitet, sondern völlig ungebunden ist; es braucht nur Raum und Zeit, um seinen Weg durch das Universum zu finden.

Heute gilt das Michelson-Morley-Experiment allgemein als das berühmteste »gescheiterte« Experiment. Die Tatsache, dass es kein Signal nachweisen konnte, schuf die Voraussetzung für einige der größten Entdeckungen des letzten Jahrhunderts. Bemerkenswerterweise werden weitgehend baugleiche Interferometer heute noch ständig verwendet, auch wenn man das Quecksilberbad gegen monolithische Aufhängungen vertauscht, die Arme tausendfach vergrößert und das Zwei-Mann-Team durch Tausende von Wissenschaftlern aus Hunderten von Institutionen ersetzt hat. Benutzt werden diese Interferometer gegenwärtig im US-amerikanischen Laser Interferometer Gravitational-Wave Observatory (LIGO), dem europäischen Gravitationswellen-Observatorium Virgo bei Pisa und dem japanischen Kamioka-Gravitationwellen-Detektor (KAGRA). Die internationale Zusammenarbeit führt zu Ergebnissen, die um ungefähr achtzehn Größenordnungen genauer sind als die des ursprünglichen Experiments! Trotzdem liegt all diesen

Interferometern das gleiche Prinzip zugrunde. Eine Versuchsanordnung, die ursprünglich ersonnen wurde, um einen Beweis für unsere galileischen Instinkte zu liefern, erwies sich ein Jahrhundert später als entscheidend für die Entdeckung von Gravitationswellen und damit als ein »Beweis« für die allgemeine Relativitätstheorie.

Rotationen in Raum und Zeit

Die Erkenntnis, dass die Lichtgeschwindigkeit für alle Beobachter gleich ist, zwang die Forscher, die fundamentale Beschaffenheit unseres Universums neu zu erklären. Letztlich war es erforderlich, die Begriffe von Raum und Zeit in einem gemeinsamen Rahmen zu vereinigen, zu einer Struktur, die in keiner menschlichen Sprache einfach zu beschreiben ist. Die neue mathematische Sprache, die zur Beschreibung der Welt entwickelt und verwendet wurde, überwand unsere natürlichen wissenschaftlichen Instinkte und erneuerte unsere logischen Gesetze. Zwar war Albert Einstein im Jahr 1905 mit seinem großartigen Entwurf, den wir heute die spezielle Relativitätstheorie nennen, der unmittelbare Verursacher dieser begrifflichen Revolution, doch das grundlegende Umdenken wäre nicht möglich gewesen ohne die brillanten Erkenntnisse vieler anderer Mitglieder der internationalen wissenschaftlichen Gemeinschaft; besonders zu erwähnen sind der holländische Wissenschaftler Hendrik Lorentz, der französische Mathematiker Henri Poincaré und der deutsche Mathematiker Hermann Minkowski (der auch Einsteins Professor in Zürich gewesen war). Zur Illustrierung des neuen Denkens noch einmal ein Beispiel:

Wenn wir die Wahrnehmungen eines Fußgängers und eines Radfahrers vergleichen, ist klar, dass sich der Radfahrer relativ zum Fußgänger bewegt und dass sich daher ihre jeweiligen Positionen im Raum unterschiedlich entwickeln. Doch wenn wir Galileis Regel zur Addition von Geschwindigkeiten anwenden, begehen wir einen verständlichen, aber entscheidenden Fehler: Wir gehen davon aus, dass die beiden die Zeit auf gleiche Weise wahrnehmen. Begibt sich der Radfahrer auf eine einstündige Tour, nehmen wir an, dass sich Radfahrer und Fußgänger darüber einig sind, was der Begriff »eine Stunde« bedeutet; wir setzen voraus, dass sie beide das Verstreichen der Zeit auf dieselbe Art wahrnehmen und empfinden, obwohl sich ihre relativen Positionen im Raum unterschiedlich entwickeln. Implizit behandeln wir damit den Raum anders als die Zeit. Letztere halten wir nach Galilei und Newton gern für ein absolutes Konzept, das für alle Beobachter unabhängig von ihrer Bewegung auf die gleiche Weise verstreicht. Doch diese Idee ist nicht mit der Universalität der Lichtgeschwindigkeit vereinbar. Da nun aber alle Experimente zu dem Ergebnis kommen, dass die Lichtgeschwindigkeit für alle Beobachter gleich ist, müssen wir die Idee aufgeben, der Zeitfluss sei universell.

Einsteins bahnbrechender Ansatz in der Formulierung der speziellen Relativitätstheorie war die Erkenntnis, dass die Zeit, wie der Raum, dem Einfluss der Bewegung unterworfen ist. Der Fahrer in einem schnellen Auto nimmt Zeit anders wahr als ein langsamer Radler, dessen Zeitwahrnehmung sich wiederum von der eines Fußgängers unterscheidet. Bei alltäglichen Geschwindigkeiten sind diese Unterschiede nicht wahrnehmbar, doch wenn wir uns der Lichtgeschwindigkeit nähern, wachsen sie enorm an. Von entscheidender Bedeutung ist dabei, dass sich unsere unterschiedliche Zeitwahrnehmung bei Bewegungen mit unterschiedlichen Geschwindigkeiten und in unterschiedliche Richtungen exakt so auf die Addition von Geschwindigkeiten auswirkt, dass wir unabhängig von unserer relativen Bewegung bei der Messung von lichtschneller Ausbreitung alle auf die gleiche Geschwindigkeit kommen. Puh. Wenn das abstrakt erscheint, liegt es daran, dass unsere natürliche Intuition uns an dieser Stelle im Stich lässt.

Im Zuge der Evolution haben sich bei uns Menschen die Sinneswahrnehmungen für Bewegungen bei relativ langsamen Bewegungen besonders geschärft, also in dem Bereich, in dem Galileis Intuition zutrifft. Schließlich jagt keiner unserer Fressfeinde (zumindest keiner, von dem wir bislang wissen) bei Geschwindigkeiten nahe der des Lichts. Trotzdem verlangt der mathematische Beweis, der dieser Idee zugrunde liegt, lediglich eine etwas flexiblere Sichtweise. Sobald wir nämlich einsehen, dass Raum und Zeit keine voneinander getrennten Begriffe sind, sondern zu einem einzigen Konzept verbunden werden müssen, das wir Raumzeit nennen, werden die Geschehnisse, die bei Annäherung an die Lichtgeschwindigkeiten eintreten, sehr viel verständlicher. Hermann Minkowski gelangte zu der brillanten Einsicht, dass beim Vergleich zwischen den Sichtweisen eines Fußgängers und eines Radlers praktisch eine Art Drehung vollzogen wird – allerdings keine Rotation im Raum, sondern eine in der *Raumzeit*.[4]

---

4 Genauer handelt es sich um Rotationen in der *Minkowski-Raumzeit*, einer flachen, vierdimensionalen Geometrie mit drei Dimensionen des Raums und einer der Zeit. Diese Raum und Zeit mischenden Raumzeit-Rotationen verkörpern das, was Poincaré *Lorentz-Tranformationen* genannt hat, und entsprechen einer Untermenge der noch allgemeineren Poincaré-Symmetrien der Minkowski-Raumzeit.

Stellen Sie sich vor, Sie beginnen Ihr Leben irgendwo auf der südlichen Erdhalbkugel und machen sich mit den verschiedenen Sternen und Sternbildern des Himmels vertraut. Sie wissen, dass deren Bewegungen am Nachthimmel von den Jahreszeiten abhängen – ein Wissen, das Ihnen auch im Dunkeln ermöglicht, sich zu orientieren und in Ihrer Umgebung zurechtzufinden. Irgendwann verschlägt es Sie auf die nördliche Erdhalbkugel, wo sie sich rasch an eine neue Kultur, eine neue Sprache, neue Freunde, neue Speisen und neue Traditionen gewöhnen. Sie können all diese Veränderungen akzeptieren, weil Sie sich darauf verlassen, dass einige Elemente der Realität gleich bleiben: Ein Tag hat nach wie vor vierundzwanzig Stunden, und Regenbogen prangen noch immer mit gleichen Farben in gleicher Anordnung. Es ist unmöglich, dass Ihre Entscheidung, der Arbeit wegen nach Norwegen (oder Deutschland) zu ziehen, in irgendeiner Weise einen Einfluss auf die Sterne ausgeübt hat. Und doch hat sich durch ihren Umzug von der Süd- auf die Nordhalbkugel die Orientierung des Himmels über ihnen geändert: der Himmel ist im Vergleich zu dem, was Sie gewohnt waren, verdreht und sieht jetzt deutlich anders für Sie aus. Anfangs wird ihnen die neue Orientierung der Sterne ungewöhnlich erscheinen, doch schon bald werden Sie in der Lage sein, bekannte Sternbilder auszumachen und in ihnen den vertrauten Himmel wiederzuerkennen.

Ähnlich ist es, wenn wir verschiedene Menschen vergleichen, die sich mit verschiedenen Geschwindigkeiten relativ zueinander fortbewegen. In diesem Fall ist es nicht so, dass sich die Beobachter relativ zueinander im Raum bewegen würden, sondern das, was sie als Richtungen in Raum und Zeit identifizieren, ist relativ zueinander verdreht. Zwei Menschen können verschiedene Perspektiven haben, aber keiner besitzt das »richtige« Bild des Himmels. Ihre Sichtweisen sind relativ zueinander verdreht, aber zueinander äquivalent. Vom Standpunkt der Physik sind wir alle äquivalent, deshalb messen wir alle genau dieselben physikalischen Gesetze und genau dieselbe Lichtgeschwindigkeit, ganz gleich, wie wir ausgerichtet sind und wie schnell wir uns relativ zueinander bewegen.

Aus dieser Universalität folgt, dass sich das Licht, egal, wie stark wir zu beschleunigen versuchen, relativ zu uns immer mit derselben unvorstellbar schnellen Geschwindigkeit ausbreiten wird. Nie werden wir es einholen; die Lichtgeschwindigkeit ist ein Tempolimit, das nicht überschritten werden kann. Die Idee, dass Licht eine universelle Geschwindigkeitsgrenze festlegt, ist immer als ein Grundpfeiler der Relativitätsgesetze angesehen worden, und historisch betrachtet hat Einstein die speziellen Relativitätsgesetze genau auf diese Weise abgeleitet. Doch das Gegenteil kommt der Wahrheit näher: Aus der unausweichlichen Vereinigung von Raum und Zeit in Verbindung mit der neuen geometrischen Struktur der Raumzeit folgt, dass nichts jemals schneller als das Licht sein kann.

Die Universalität der Gravitation

Als Einstein die spezielle Relativitätstheorie entwickelte, erkannte er, dass die Universalität der Lichtgeschwindigkeit nicht nur ein belangloser Zufall ist. Vielmehr zeigt uns die Natur auf diese Weise, wie elegant ihre grundlegende Symmetrie ist: Wenn wir die Gesetze der Physik beschreiben, sind alle Beobachter äquivalent, unabhängig davon, wie wir sie ausrichten und wie weit wir sie voneinander trennen. Sobald wir das erkannt haben, stellt sich die

Frage, ob die *Universalität des freien Falls*, wie sie Galilei entdeckt und Newton in seinem Gesetz der universellen Gravitation festgeschrieben hat, nicht ein weiterer Fingerzeig der Natur sein könnte.

Es heißt, Galilei habe die Universalität des freien Falls bewiesen, indem er zwei Gegenstände von unterschiedlicher Masse vom schiefen Turm von Pisa, dem Wahrzeichen der Stadt, habe fallen lassen. Dabei habe er festgestellt, dass sie mit gleicher Geschwindigkeit fielen. Ob dieses legendäre Experiment zum freien Fall tatsächlich stattgefunden hat, ist unter den Gelehrten umstritten. Doch in jüngerer Zeit hat David Scott als Kommandant der Apollo-15-Mission mit einer Falkenfeder und einem Hammer, die er auf dem Mond fallen ließ, eindeutig nachgewiesen, dass Objekte unabhängig von Form, Masse, Dichte oder Farbe gleich schnell fallen, zumindest wenn die Reibung vernachlässigbar ist (wie es auf dem Mond dank fehlender Atmosphäre der Fall ist). Die Gravitationskraft, die uns alle zur Erdoberfläche – oder die Federn und die Hämmer zur Mondoberfläche – zieht, wirkt auf jeden und alles in derselben *universellen* Weise ein. Könnte dies ein belangloser Zufall sein? Oder halten wir uns lieber an Sherlock Holmes, der sagte: »Das Universum ist selten so faul.«

Um eine Vorstellung davon zu bekommen, wie wichtig die von Galilei entdeckte Universalität ist, können wir die Gesetze der Gravitation mit denen des Elektromagnetismus vergleichen. Reiben Sie Ihren Kopf an einem Luftballon. Wenn Sie diesen langsam entfernen, wird das Haar vom Ballon angezogen. Das passiert, weil Sie beim Reiben einige der Elektronen aus ihrem Haar auf den Ballon übertragen. Wenn Sie den Ballon fortnehmen, wird Ihr positiv geladenes Haar vom negativ geladenen Ballon angezogen. Ein einfaches elektrostatisches Kinderspiel! Wenn Sie jetzt den gleichen Trick mit einem Stück Käse anstelle eines Ballons versuchen, ist damit zu rechnen, dass nicht viel geschieht, sieht man einmal davon ab, dass Ihr Haar streng riecht; da Käse Elektronen nicht so leicht aufnimmt, haben sich Käse und Haare nicht nennenswert elektrisch aufgeladen. Ein wichtiger Umstand ist dabei, dass die aus der elektrischen Kraft resultierende Beschleunigung von der Ladung des Objekts abhängt: davon, ob ein Objekt neutral, positiv geladen oder negativ geladen ist und in welchem Maße. Ganz anders die Gravitation – sie ist in dieser Hinsicht vollkommen neutral. Alles unterliegt ihr in der gleichen Weise: Personen wie Planeten, Schwarze Löcher wie Ballons, Hämmer, Federn, Käsestücke wie Kürbiskerne.

Wenn Sie über diese Analogie nachdenken, sind Sie vielleicht versucht, die Masse von Teilchen als eine Art »Gravitations-Ladung« zu deuten: Je massereicher ein Teilchen ist, desto stärker die Anziehungskraft. Diesem Gedanken liegt die Vorstellung zugrunde, es handle sich bei »Masse« um etwas, das sich einfach mit einer Personenwaage messen lasse. Wenn Sie sich am Morgen im Badezimmer auf die Waage stellen, dann belasten Sie sie mit Ihrem eigenen Gewicht, das nichts anderes ist als die Gravitationskraft, die die Erde auf Sie ausübt: je größer ihre Masse, die in diesem Zusammenhang genauer »schwere Masse« genannt wird, desto größer die Gravitationskraft, die auf Sie einwirkt und die durch den auf der Waage lastenden Druck gemessen wird.

Um zu erkennen, warum dies nicht das vollständige Bild ist, betrachten Sie das folgende Experiment. Denken wir uns, Commander Scott hat zusammen mit einem Hammer und einer Feder seine Badezimmerwaage mit auf die Apollo-15-Mission genommen und wiegt sich auf dem Mond. Das Gewicht, das die Waage auf dem Mond anzeigt, unterscheidet sich erheblich von dem auf der Erde gemessenen Wert. Hat die Skala kurz vor dem Start auf der Erdoberfläche 100 kg angezeigt, so gibt sie vier Tage später nach Erreichen der Mondoberfläche nur noch 16 kg an. Da fragen Sie sich vielleicht, warum Menschen gerne Astronauten werden, wenn das Essen an Bord so schrecklich ist, dass man in vier Tagen 84 kg abnimmt. Würden Mondflüge aber tatsächlich so drastische Veränderungen der Körpermasse bewirken, hätten Diätanbieter längst Mondflüge organisiert. In Wahrheit ist Ihre schwere Masse (oder Gravitationsladung) genau gleich, egal, ob Sie sich auf der Erde, dem Mond oder mitten im leeren Raum befinden – genauso wie die elektrische Ladung eines Elektrons immer dieselbe ist.

Dass die Waage auf der Erde und auf dem Mond verschiedene Werte anzeigt, liegt nicht daran, dass sich Ihre Gravitationsmasse verändert hat, sondern daran, dass sich die schweren Massen der Objekte, auf dem die Waage jeweils steht – in einem Fall die Erde, im anderen der Mond –, um einen Faktor 100 unterscheiden. Da der Radius des Mondes rund viermal kleiner ist als der der Erde, können wir Newtons Gravitationsgesetz entnehmen, dass die Gravitationskraft auf der Erdoberfläche ungefähr $100/4^2$ oder ~6,25-mal größer ist als auf der Mondoberfläche. Das erklärt, warum Ihr Gewicht auf der Waage so viel geringer ist und warum Sie auf dem Mond höher springen können als auf der Erde, obwohl sich ihre eigene schwere Masse nicht verändert hat.

Unsere schwere Masse sagt uns, mit welcher Gravitationskraft wir beispielsweise von einem anderen Planeten angezogen werden. Doch wenn wir verstehen wollen, wie Gravitation auf uns einwirkt, dürfen wir nicht vergessen, dass Anziehung nicht alles ist; wie wir auf die Kraft reagieren, ist genauso wichtig. Und diese Reaktion wiederum wird von unserer *trägen Masse* bestimmt. Um sie zu verstehen, verabschieden wir uns von David Scott und kehren zurück zu unserem Alltag auf der Erde; jeden Morgen bringe ich meine drei Töchter zu Fuß zur Schule. Im Laufe des Tages werde ich häufig damit betraut, ihre Schulmappen voller Hefte, Büchereibücher, Spielsachen, Wasserflaschen und unterwegs aufgelesener Steine zu tragen. Dabei kann ich einen unmittelbaren Eindruck von der Bedeutung der trägen Masse gewinnen. Die träge Masse der Schulmappen bestimmt, wie schwer es ist, sie von zu Hause bis zur Schule zu schleppen. Wenn ich schneller zur Schule will, muss ich die träge Masse dieser geschulterten Schulmappen auf eine höhere Geschwindigkeit beschleunigen, was im Prinzip bedeutet, dass es mich »einfach« mehr Anstrengung (und Schweiß) kostet. Die träge Masse gibt also an, wie sehr sich ein Körper einer Bewegungsänderung widersetzt. Laut Newtons zweitem Bewegungsgesetz ist die Kraft, die zur Beschleunigung eines Körpers erforderlich ist, proportional zu seiner trägen Masse.[5]

Die Kunst des Fliegens beruht auf einem perfekten Wechselspiel von träger und schwerer Masse. Nachdem die Sicherheitsgurte angeschnallt und die Tische hochgeklappt sind, verspüren wir einen kleinen Nervenkitzel, wenn das Flugzeug die Startbahn entlangrast, die Turbinen aufheulen und mit ihrer geballten Kraft die träge Masse des Flugzeugs auf eine ausreichende horizontale Geschwindigkeit beschleunigen. Dabei haben die Turbinen nicht die Aufgabe, der Gravitationskraft entgegenzuwirken, sondern diese

---

5 Wenn wir uns später mit den tieferen Schichten der fundamentalen Physik beschäftigen, werden wir uns fragen, welche Bedeutung die Masse der fundamentalen Teilchen hat. Dabei wird es auch um ihre träge Masse gehen. Einfach gesagt, bedarf es einer größeren Anstrengung, um diese massiven Teilchen in Bewegung zu setzen. Je größer die träge Masse, desto größer der Schub, der erforderlich ist, um ein massives Teilchen zu beschleunigen. Je kleiner die träge Masse ist, desto weiter kann man mit ihr kommen.

enorme träge Masse in der Waagerechten so voranzutreiben, dass der Druck des Luftstroms auf die Unterseite der Tragflächen die das Flugzeug nach unten ziehende Gravitationskraft überwindet.

Stellen wir uns einen Augenblick vor, wir könnten zwei Flugzeuge mit der gleichen schweren Masse bauen, sodass sie auf der Erde das gleiche Gewicht hätten, wobei aber eines nur halb so viel träge Masse aufwiese wie das andere. Dann wäre es viel leichter und um die Hälfte billiger, es zu beschleunigen. So gesehen, sollte beim Einchecken nicht das Gewicht des Gepäcks, das von der schweren Masse abhängt, sondern die träge Masse entscheidend sein, die bestimmt, wie viel Anstrengung erforderlich ist, um das Gepäck zu bewegen und zu beschleunigen. Statt also beim Check-in das Gepäck zu wiegen, sollte man lieber einen Wettlauf mit Gepäck veranstalten, um die träge Masse zu bestimmen. Das wäre viel sinnvoller – wenn es nicht das *Äquivalenzprinzip* gäbe.

Zunächst einmal scheinen schwere und träge Masse zwei unabhängige Begriffe zu sein, so wie die elektrische Ladung eines Objekts unabhängig von seiner trägen Masse oder auch seiner Farbe ist. Es handelt sich um verschiedene physikalische Eigenschaften. Doch bislang hat jedes Experiment, das hier auf der Erde und im gesamten Sonnensystem durchgeführt wurde, zu derselben Schlussfolgerung geführt: Die *träge* und die *schwere* Masse jedes Objekts sind mit einer Genauigkeit von bis zu 10^{-15} identisch.[6] Obwohl sie eine unterschiedliche Bedeutung haben, kön-

6 Das heißt, dass bei einem Objekt mit einer trägen Masse von genau 1 kg die schwere Masse zwischen 0,999999999999999 kg und 1,000000000000001 kg liegen muss. Alle bislang durchgeführten Experimente und Beobachtungen lassen darauf schließen, dass die träge und die schwere Masse immer genau gleich sind.

nen die Begriffe der trägen und der schweren Masse daher als vollkommen äquivalent behandelt werden. Einsteins Verdienst war die Erkenntnis, dass es sich nicht um einen bloßen Zufall handelt (wie Galilei und Newton dachten), sondern dass die Äquivalenz ein Grundpfeiler der Gravitation ist, den wir heute als »Äquivalenzprinzip« bezeichnen.

Auf einer praktischen Ebene bedeutet das Äquivalenzprinzip, dass wir die beiden Massenbegriffe austauschbar verwenden können. Wir brauchen uns nur zu wiegen, um auf unsere träge Masse zu schließen, obwohl die Waage streng genommen nur die schwere Masse angibt. Dieser Umstand macht nicht nur das Check-in am Flughafen erheblich unkomplizierter, sondern hat weiter reichende Folgen. Zum einen folgt aus der Äquivalenz zwischen träger und schwerer Masse, dass sich diese beiden Größen genau aufheben, wenn wir die Reaktion eines Objekts auf die Gravitation beschreiben. Wenn wir auf dem Mond (oder auf der Erde, die Reibung der Luft einmal vernachlässigt) einen Hammer und eine Feder fallen lassen, unterliegt der Hammer zwar einer stärkeren Gravitationsanziehung, besitzt aber gleichzeitig eine größere Trägheit. Die Feder dagegen unterliegt einer schwächeren Gravitationsanziehung, besitzt dafür aber eine geringere Trägheit, reagiert also bereitwilliger auf jene Anziehung. Aus dem Äquivalenzprinzip folgt, dass sich die Beiträge von schwerer und träger Masse in solchen Situationen exakt aufheben. Daher fallen Hammer und Feder beide mit genau der gleichen Beschleunigung zu Boden – wie alles andere auch!

Aus dieser Äquivalenz schloss Einstein – und das war seine bemerkenswerte Leistung –, dass es einen direkten Zusammenhang zwischen *Gravitation* (um die es bei der schweren Masse geht) und *Bewegung* (bei der die träge Masse eine Rolle spielt) geben muss. Das war einer der bedeutendsten konzeptuellen Sprünge in der Geschichte der Naturwissenschaft, der das Ende der Newton'schen Gravitationskraft besiegelte und die Geburt einer weit fundamentaleren Beschreibung der Gravitation einleitete – der Beschreibung durch die Krümmung der Raumzeit.

Die universelle Lichtgeschwindigkeit und die universelle Natur der Gravitation sind beileibe keine Zufälle, sondern erste Anzeichen dafür, dass die Natur auf ihrer tiefsten Ebene vollkommen symmetrisch und universell ist. Von diesen Universalitäten ausgehend, haben wir die Möglichkeit, eine weitere Schicht der Physik freizulegen und einen kleinen Riss im Wissensgefüge zu öffnen, der uns den Blick auf einen neuen Weg zum Verständnis der Realität erschließt. Der Blick durch diesen Riss wird uns zu Einsteins allgemeiner Relativitätstheorie führen, und wenn wir tiefer in diese Öffnung eindringen, werden sich neue Fragen zu den Grundlagen der allgemeinen Relativität von selbst ergeben.

KAPITEL 2

Die Gravität unserer gekrümmten Realität

Da ich als Kind und Erwachsene immer wieder umgezogen bin, wobei ich die Kontinente und Kulturen ständig gewechselt habe, lautet eine der ersten Fragen, die mir neue Bekannte immer stellen, wo meine Töchter oder ich herkommen. Diese Frage entlockt mir stets ein etwas verlegenes Lachen, weil ich keine einfache Antwort auf sie parat habe. Meine amerikanisch-britisch-kanadisch-schweizerischen Töchter ziehen sich allerdings mit einem »von überallher« aus der Affäre, was unsere Gesprächspartner meist etwas frustriert zur Kenntnis nehmen, weil sie uns keinem bestimmten Punkt auf der Landkarte zuordnen können. Natürlich wäre es mir in gewisser Hinsicht lieber, ich könnte genauer antworten und eine geradlinige Verbindung zwischen meinem geografischen Ursprung und meinen gegenwärtigen Lebensumständen herstellen.

Als ich zehn wurde, zogen meine Eltern mit uns fünf Kindern aus der Schweiz nach Madagaskar. Auf dem Nachtflug von Zürich nach Antananarivo, als ich fast alle Dinge und Menschen zurückließ, die ich während der vergangenen Jahre gekannt hatte, nahm ich fasziniert zur Kenntnis, dass uns der Mond still auf unserer Reise begleitete. Nach der Landung kam mir inmitten eines neuen Lebens und neuer Abenteuer, die es zu bestehen galt, zu Bewusstsein, dass meine ganze Existenz nicht mehr als ein Flickwerk aus Ereignissen in Zeit und Raum war und dass meine Aufgabe darin bestand, sie miteinander zu verbinden. So wurde mir bald klar, dass diese verschiedenen Flicken zwar von außen unverbunden und unabhängig erscheinen mochten, dass sie aber, von innen betrachtet, miteinander zusammenhingen – durch den Verlauf, den mein Leben genommen hatte, durch die Erzählung, die ich beschloss daraus zu machen, indem ich geradlinig wie ein Pfeil durch die komplexe Mannigfaltigkeit der Existenz fiel und flog.

Während dieser Reise waren der Mond und mit ihm der ganze Himmel meine treuen Begleiter geblieben. Egal, wo ich war, ich wusste immer, dass ich auf sie zählen konnte wie auf eine Familie. Natürlich wurde im Lauf der Jahre der Wunsch, ihnen näher zu kommen, sie zu verstehen und auch für sie da zu sein, immer stärker. Sie wurden zu einem Traum, vielleicht sogar zu einem Fixpunkt, den ich unbedingt erreichen wollte – ein Verlangen, das jeden Schritt meiner Reise bestimmen sollte. Solange ich denken kann, träumte ich davon, den Himmel zu erkunden und Astronautin zu werden. Doch statt eine bloße Phantasterei zu bleiben, bestimmte dieser Traum meine beruflichen Entscheidungen während der kommenden Jahrzehnte. Meine Leidenschaft für den Himmel führte mich um den ganzen Globus, von Antananarivo nach Lausanne für meinen Master, von dort zur École Polytechnique in Paris für einen weiteren Master, zum Jet Propulsion Laboratory der NASA in Kalifornien, dann zurück in die Schweiz und von dort zur University of Cambridge für eine Promotion in theoretischer Kosmologie. Danach waren die Stationen meines

Lebens Montreal, Waterloo, Genf, Cleveland und schließlich London, mit Zwischenaufenthalten in der ganzen Welt, von Kapstadt bis Kyoto, von Quito und Lombok bis Princeton.

Für einen Außenstehenden mögen diese im Abstand von wenigen Jahren oder gar Monaten erfolgten Sprünge in immer neue Länder nach einer unsicheren oder sogar ziellosen Berufslaufbahn aussehen. Trotzdem war das vielleicht der direkteste Weg, um mir meinen Wunsch nach der Erforschung des Universums zu erfüllen. In der Rückschau ist es keineswegs ein verschlungener Pfad in einer geradlinigen Welt. Denn wir alle folgen geraden Wegen durchs Leben, die wir allerdings ständig an die gekrümmte Realität der Welt anpassen müssen. Wir bewegen uns im freien Fall durchs Leben, und das ist die einzige Möglichkeit, die verschiedenen Ereignisse miteinander zu verbinden, die unseren Weg so einzig und kostbar machen.

Der Faden im Gewebe der Raumzeit

Mag meine Reise um die Welt auch manche Kurve und Schleife aufweisen, ich habe nie mein Ziel aus den Augen verloren: ins All zu gelangen und als »Beobachter im freien Fall« das wunderbare Gefühl der Schwerelosigkeit zu erleben. Manchmal stellen sich die Menschen die Schwerelosigkeit als vollkommene Abwesenheit der Gravitation vor, doch das ist nicht ganz richtig. Selbst wenn Sie das Privileg haben, durch den Weltraum zu fliegen, entkommen Sie dem Zugriff der universellen Gravitation nicht. Denn solange Sie sich »nahe genug« am Sonnensystem oder irgendeinem anderen massereichen astronomischen Objekt befinden, gibt es nichts

– keine Geldsumme, keine vorstellbare Technologie –, was die Gravitation veranlassen könnte, ihre fortwährende Anziehung zu unterbrechen oder aufzugeben. Um sich von der Gravitationsanziehung der Erde, der Sonne und unseres lokalen Galaxienhaufens zu befreien, muss man nur ein paar Millionen Jahre reisen (mindestens!), bis man auf der Suche nach einer möglichst gravitationsarmen Umgebung in der Mitte eines kosmischen Leerraums ankommt, weitab von allen massereichen Galaxien. Doch wenn Ihnen dieser Zeitaufwand ein bisschen zu groß erscheint, gibt es einen leichteren Weg, um ein ganz ähnliches Empfinden zu erleben: Liefern Sie sich dem freien Fall aus, und sie werden sich in vollkommener Harmonie mit ihm befinden. Schwerelosigkeit und freier Fall fühlen sich gleich an, und Letzterer ist überhaupt die einzige Möglichkeit, die wir Menschen haben, jemals das Empfinden der Schwerelosigkeit zu erfahren.

Gleich, ob wir fest auf dem Erdboden stehen, an einem Fallschirm schweben oder in der Internationalen Raumstation (ISS) die Erde umrunden, wir werden niemals frei von Masse oder Gewicht sein. Nur der freie Fall ohne Hindernis und Unterbrechung kann uns das Gefühl der Schwerelosigkeit vermitteln. Stellen Sie sich vor, Sie springen von einem Sprungbrett ab. Ungefähr eine Sekunde lang werden Sie eine fast vollständige Schwerelosigkeit empfinden. Wenn Sie zu einem zweiten Sprung zurückkehren, dann konzentrieren Sie sich auf den Augenblick: Schließen Sie die Augen, und blenden Sie alle äußeren Ablenkungen aus. Können Sie in diesem Sekundenbruchteil des freien Falls sagen, ob Sie zur Erdoberfläche fallen? Oder ob Sie vielleicht während einer Weltraummission auf die Oberfläche eines neu entdeckten bewohnbaren Planeten zustürzen und darauf warten, dass sich Ihr Fallschirm öffnet? Oder befinden Sie sich in einer die Erde umkreisenden Raumstation, deren beschleunigte Bewegung die Gravitationsanziehung der Erde genau ausgleicht? Oder schweben Sie tatsächlich allein im Weltraum, weit entfernt von irgendwelchen Planeten und Sternen eines Universums, das so alt, leer und flach ist, dass Sie keine Gravitationsanziehung mehr spüren? In diesem Sekundenbruchteil freien Falls lässt sich das unmöglich entscheiden. Die Empfindung des freien Falls ist (zumindest lokal) identisch mit dem Gefühl, das wir hätten, wenn weder die Gravitationsanziehung der Erde noch irgendeine andere Trägheitskraft vorhanden wäre, daher entsteht die perfekte Illusion einer vollkommen gravitationsfreien Umgebung.

Diese Äquivalenz zwischen Beschleunigung beim freien Fall in einem Gravitationsfeld und Ruhezustand in Abwesenheit von Gravitation ergibt sich unmittelbar aus der Äquivalenz zwischen der trägen und der schweren Masse, mit der wir uns in Kapitel 1 beschäftigt haben. Sie lässt sich noch auf eine andere, jedoch verwandte Art beschreiben. Wenn ein Beobachter in der Kabine eines Schiffs eingeschlossen ist, das unter dem Einfluss der Gravitation in Ruhe ist, wird er die gleiche Empfindung haben wie ein Beobachter in der Kabine eines Raumschiffs, das im leeren All – weitab vom Gravitationseinfluss anderer Körper – gleichmäßig beschleunigt wird.[7] Die durch Beschleunigung hervorgerufene träge Kraft wirkt wie eine Art künstliche Gravitation.

Im Traum kehre ich häufig zu diesen wundervoll gelösten Augenblicken meiner Kindheit zurück, in denen ich auf einer Schau-

---

7 Das gilt allerdings nur so lange, bis der Beobachter, müde vom Herumspringen in der Schwerelosigkeit, beschließt, die Bewegung zahlreicher frei fallender Kaffeebohnen zu vergleichen. Wie wir in Kapitel 3 sehen werden, können wir durch den Vergleich verschiedener Punkte einiges über die Gravitation erfahren.

kel durch die Luft flog und einen Augenblick lang das Gefühl hatte, als schwebte ich in völliger Freiheit außerhalb von Raum, Zeit und Gravitation … bis mich Letztere wieder auf den Boden der Wirklichkeit zog. Oder doch nicht? Wenn wir unsere Augen schließen und uns auf den Druck konzentrieren, der von dem Objekt ausgeübt wird, das uns trägt – die Stricke der Schaukel, die Sitzfläche des Stuhls oder der Fußboden, der gegen die Handflächen drückt, wenn wir einen Handstand versuchen – wie können wir sicher sein, dass der Druck, den wir fühlen, wirklich von der Gravitationsanziehung der Erde hervorgerufen wird? Können wir, wenn wir unsere Augen schließen, sicher sein, dass wir uns nicht in Wirklichkeit im Weltraum befinden und dass die Empfindung, die wir spüren, von der konstanten Beschleunigung unseres Raumschiffs hervorgerufen wird? Oder dass wir uns nicht in einer Weltraumstation befinden, die sich so um sich selbst dreht, dass sie exakt das Gefühl der Erdanziehung simuliert? Um es kurz zu machen, die Antwort ist nein. Zumindest was unsere persönliche Erfahrung angeht, gibt es zwischen diesen vollkommen verschiedenen Szenarien nicht den geringsten Unterschied.

Wie in Kapitel 1 ausgeführt, liegt der entscheidende Unterschied zwischen Gravitation und anderen Kräften wie dem Elektromagnetismus darin, dass die Gravitation auf alles und jedes in genau der gleichen Weise einwirkt. Ob Sie ein einzelnes Atom in der ISS sind, ein Astronaut oder das Licht selbst, die Gravitation übt in jedem Fall die gleiche Wirkung auf Sie aus – und lokal kann man für jeden Menschen und jedes Objekt die gleiche Wirkung erzeugen, indem man einfach in ein beschleunigtes Bezugssystem (Schaukel usw.) wechselt. Doch wenn wir die Wirkung der Gravitation so leicht aufheben oder reproduzieren können, indem wir durch die Wahl eines anderen beschleunigenden Bezugssystems

»die Perspektive wechseln«, wie können wir dann glauben, die Gravitation sei eine reale Kraft?

Für einige ist der Begriff der Gravitation mit dem Bild eines Apfels verknüpft, der vom Baum in Richtung der Erdoberfläche fällt, bevor er den Kopf Sir Isaac Newtons trifft. Andere haben das Bild eines Astronauten im Orbit vor Augen. Egal, ob Sie ein Apfel im freien Fall zur Erde oder ein Astronaut im Orbit sind, Sie fallen, und dabei durchqueren Sie das Gravitationsfeld der Erde. Doch in jedem Augenblick des Falls werden Sie das gleiche Gefühl der Schwerelosigkeit empfinden. Anders ausgedrückt: An jedem Punkt, in jedem Augenblick können wir beschreiben, wie es ist, wenn keine Gravitation fühlbar ist. Also, wie und wo kommt die Gravitation ins Spiel? Die Antwort ist einfach: Sie kommt ins Spiel, wenn wir beschreiben, wie diese verschiedenen Punkte in Raum und Zeit miteinander zusammenhängen. Wie wir gesehen haben, ist lokale Gravitation bedeutungslos, daher kann sich Gravitation nur anhand der Querverbindungen zwischen lokalen Regionen manifestieren. Gravitation ist der Faden, der das Flickwerk der Regionen von Zeit und Raum miteinander verknüpft. Diese Überlegung legt nahe, dass es eine fundamentale Beziehung zwischen der Gravitation und dem Geflecht oder Gefüge der Raumzeit gibt.

Sind all die verschiedenen Flicken im Raumzeit-Geflecht direkt und geradlinig miteinander verbunden, ist die »Mannigfaltigkeit«, in der wir leben, flach.[8] Doch sobald etwas auf dem Geflecht oder Gefüge vorhanden ist – und wenn es ein winziges Staubkörnchen

8 Eine Mannigfaltigkeit ist eine Ansammlung von Punkten. Sie kann eine Fläche sein wie die Erdoberfläche, aber auch ein dreidimensionaler Raum wie das Universum, in dem wir leben, oder sogar eine vierdimensionale Raumzeit.

ist, ein extrem kleines Teilchen mit oder ohne Masse, irgendeine Form von Energie, sogar lediglich Druck –, ist es mit dieser Flachheit vorbei. Wie sich die Spannung der die Flickendecke zusammenhaltenden Nähte erhöht, wenn man auf die Decke drückt, so wird die Anwesenheit irgendeines Objekts im Raumzeitkontinuum auf diese Mannigfaltigkeit/Fläche einwirken, indem es Verbindungen zwischen den verschiedenen Punkten verändert und dadurch das Gefüge von Raum und Zeit krümmt. Durch die Krümmung erzeugt jedes Objekt (ob materiell oder nicht) in seiner Umgebung ein Gravitationsfeld und teilt auf diese Weise dem Rest des Universums seine Anwesenheit mit.

Oft wird das Raumzeitgefüge mit der elastischen Oberfläche eines Trampolins verglichen. Legt man eine massereiche Kugel in die Mitte der Sprungmatte, sinkt sie ein und krümmt die Oberfläche, was zur Folge hat, dass andere Objekte auf der Matte in Richtung der Kugel wandern. Zwar liefert diese Analogie ein anschauliches Vorstellungsbild, sie ist allerdings aus verschiedenen Gründen mangelhaft. Zum einen müssten wir uns eine gekrümmte *Raumzeitgeometrie* vorstellen, nicht nur einen gekrümmten Raum. Viele bahnbrechende Erkenntnisse der Physik haben sich aus dem komplizierten Zusammenhang zwischen Raum und Zeit ergeben (wie wir gezeigt haben, als wir die Lichtgeschwindigkeit erklärten, und wie wir an weiteren Beispielen sehen werden). Wenn wir also nur den Raum und nicht die Raumzeit betrachten, bleibt ein Großteil dessen, was die Gravitation ausmacht, unberücksichtigt. Wie Wasserläufer, deren Leben auf die Wasseroberfläche eingeschränkt ist, niemals verstehen werden, wie Fische in die Wassertiefen eintauchen können, so wird jedem, der sich mit dem gekrümmten Raum zufriedengibt, vieles von dem, was in der Raumzeitgeometrie vor sich geht, verschlossen bleiben.

Noch etwas problematischer ist der Umstand, dass die Krümmung nach der Trampolinanalogie in eine andere Dimension eingebettet ist. Die Oberfläche eines Trampolins ist zweidimensional, doch die Analogie verwendet noch eine weitere Dimension – die vertikale Richtung oder Höhe des Trampolins –, um die Krümmung darzustellen. Doch wenn wir uns mit der Krümmung der Raumzeit befassen, müssen wir berücksichtigen, dass sie für sich genommen gekrümmt ist und nicht gekrümmt in einen anderen Raum eingebettet.

Wenn wir schließlich die Kugel betrachten, die die Oberfläche des Trampolins krümmt, dann bewegen sich andere Objekte auf die Kugel zu, aber nicht weil sie von ihr selbst angezogen würden (das werden sie zwar in winzigem Ausmaß, aber das ist absolut vernachlässigbar), sondern weil sie der Gravitationsanziehung der Erde unterliegen und weil die Annäherung an die Kugel ihnen ermöglicht, der Erde ein Stück näher zu kommen. Es ist alles ziemlich tricky. Und diese Feinheiten sollen lediglich zeigen, dass die Menschen in ihrer Evolution noch nicht den Punkt erreicht haben, an dem sie die Natur durch Augen und Ohren wahrnehmen, die an die vierdimensionale Raumzeit angepasst sind. Glücklicherweise ermöglichen uns Vorstellungskraft und Kreativität unter Hinzunahme von ein paar mathematischen Kenntnissen, mit unserer »Wahrnehmung« über die physischen Sinnesleistungen hinauszugelangen.

Raumzeit-Geometrie

Tatsächlich hat sich unsere Gesellschaft so sehr an die Auswirkungen dieser Raumzeitkrümmung gewöhnt, dass wir nicht mehr zurechtkämen, wenn wir sie nicht berücksichtigten. Wir würden uns buchstäblich verirren. Obwohl es den meisten von uns beschieden ist, ihr Leben auf der Erdoberfläche zu verbringen (von gelegentlichen Abstechern in zehntausend Meter Höhe abgesehen), werden sie in ihrem Alltag ständig von Satelliten unterstützt, die die Erde umkreisen. Nun können diese Satelliten nur dann erfolgreich arbeiten, wenn sie die winzigen Unterschiede berücksichtigen, die sich für unsere Zeitwahrnehmung an diesen verschiedenen Punkten ergeben. Und diese Unterschiede hängen von der lokalen Krümmung der Raumzeit ab.

Kehren wir zur Apollo-15-Mission und Kommandant David Scott zurück, der auf der Mondoberfläche Feder und Hammer fallen lässt. Wäre Scott ein Jahrhundert lang auf dem Mond geblieben, wäre der Zeitraum, den er als ein Jahrhundert erlebt hat, für uns auf der Erde etwas kürzer – rund 2 s, um genau zu sein. Mit anderen Worten, die Uhren scheinen auf dem Mond etwas langsamer zu gehen als auf der Erdoberfläche. Das liegt »einfach« daran, dass die Verzerrung der Raumzeitgeometrie, die wir auf der Erdoberfläche erleben, stärker ist als auf der Mondoberfläche, und diese Raumzeitverzerrung beeinflusst unsere Zeitwahrnehmung. Aus demselben Grund, würden wir ein Jahrhundert auf dem Jupiter empfinden wie auf der Erde ein Jahrhundert plus einer Extra-Minute. Auf der Erde altern wir schneller als auf der Jupiteroberfläche.

Innerhalb des Sonnensystems scheint der Unterschied des Zeitflusses auf den ersten Blick durchaus vernachlässigbar zu sein, weshalb diese Effekte gewöhnlich nur in Science-Fiction-Szenarien spannend werden, etwa wenn jemand den Auftrag erhält, eine Minute in der Nachbarschaft eines Schwarzen Loches zu verweilen, um bei der Rückkehr auf die Erde zu entdecken, dass dort inzwischen Jahrhunderte vergangen sind. Science-Fiction einmal außer Acht gelassen, erweisen sich diese Effekte jedoch auch in unserem Alltag als allgegenwärtig. Wenn wir nämlich einen Tag auf der Erdoberfläche verbringen, stellt sich dieser Zeitraum auf den Satelliten des Global Positioning System (GPS) rund 20 000 km über unseren Köpfen um eine Winzigkeit kürzer dar als ein Tag – genau genommen um 38 Mikrosekunden (µs) oder 0,000038 s.[9] Zugegeben, das ist eine Zeitspanne, die viel zu klein ist, um von Menschen wahrgenommen zu werden. Aber das Licht vermag das sehr wohl! In 38 µs breitet sich das Licht über mehr als 11 km aus. Würden wir diese Effekte nicht berücksichtigen, würden die Angaben der GPS-Geräte jeden Tag um etwa ein Dutzend Kilometer von den tatsächlichen Verhältnissen abweichen.

Ohne die Raumzeitgeometrie, in der wir leben, richtig zu verstehen, wären wir zurück in einer sehr viel ruhigeren Welt und würden noch Landkarten aus Papier verwenden. Während wir auf geradem Weg durch die gekrümmte Mannigfaltigkeit des Lebens unterwegs sind, sollten wir uns daran erinnern, dass auch die einfachste Reise, die wir unternehmen, der Krümmung der Raumzeit unterworfen ist.

---

9 Es gibt hier zwei separate Effekte, der eine folgt aus der speziellen Relativitätstheorie und der andere aus der allgemeinen Relativitätstheorie. Die Bewegung des Satelliten verlangsamt die GPS-Uhr um 7 µs, während die stärkere Gravitation, der wir auf der Erdoberfläche unterliegen, unsere Uhren gegenüber der der Satelliten um 45 µs beschleunigt. Der Unterschied ergibt sich also aus der Rechnung 45–7 = 38 µs.

Eine gerade Linie in einer gekrümmten Raumzeit

Die Forschungsarbeit theoretischer Physiker wird häufig als einsames Abenteuer dargestellt: So eine Person sitzt in Pantoffeln am Schreibtisch, die Haare etwas zerzaust, und blättert in ihren Papieren; gelegentlich steht sie auf und schreibt unverständliche Symbole an die Tafel, während sie ebenso unverständliche mathematische Beschwörungen vor sich hinmurmelt. Ich kann nicht sagen, ob wir Physiker dieses Image unwissentlich oder unbewusst gefördert haben oder ob es daher kommt, dass Außenstehende missverstehen, was Physiker tun. In beiden Fällen könnte das Porträt nicht weiter von der Wirklichkeit entfernt sein. Kommunikation, Brainstorming und der Austausch von Ideen sind von entscheidender Bedeutung für kreative Arbeit und damit für den wissenschaftlichen Erfolg. Als Physikerin reise ich um die Welt, um meine Forschungsideen mit Kollegen zu teilen, die sich meine Vorschläge durch den Kopf gehen lassen, hinterfragen und sogar gelegentlich ins Lächerliche ziehen. Meistens hilft mir dieser Prozess dabei, jede einzelne meiner Hypothesen zu revidieren, zu verbessern und zu überdenken – bevor ich die Idee schließlich verwerfe oder mich, mit neuen Erkenntnissen ausgestattet, erneut mit ihr beschäftige. In der Wissenschaft werden echte Fortschritte fast immer schwer errungen, und dieser raue Prozess ist nichts für Zartbesaitete.

Er ist auch nichts für Reisemuffel. Als meine erste Tochter geboren wurde, war es zu einem selbstverständlichen Bestandteil meines Lebens geworden, durch die Welt zu reisen, und es wurde rasch auch für sie eine Selbstverständlichkeit. Vor ihrem ersten Geburtstag hatte sie einundfünfzig Flüge hinter sich und mich auf verschiedenen wissenschaftlichen Tagungen begleitet; aus ihrer Perspektive muss ihr die Erkundung der gekrümmten Erdoberfläche so natürlich wie das Atmen vorgekommen sein. Zwar bin ich nicht stolz auf die Kohlenstoffmengen, die auf diesen Flügen in die Atmosphäre freigesetzt wurden – und ich würde heute sicherlich andere Entscheidungen treffen –, aber ich werde immer die globale Perspektive zu schätzen wissen, die meine – und ihre – Perspektive erweitert.

Die Reisen zeigten auch, wie wir uns innerhalb der gekrümmten Struktur der Realität bewegen. An jedem gegebenen Punkt der Erdoberfläche können wir den Eindruck haben, dass die Erde flach ist. Wir wissen, dass es sich um eine Illusion handelt – aus hinreichender Ferne betrachtet, wird es offensichtlich –, aber wo immer wir sind, können wir unseren Blickwinkel so wählen, dass der Raum – lokal – flach ist. Die Krümmung wird nur dann deutlich, wenn wir beschreiben, wie verschiedene Punkte auf einer Fläche miteinander verknüpft sind und zusammenhängen. Erst wenn wir auf der Erdoberfläche reisen – und einen Weg zwischen verschiedenen Orten auf ihr bestimmen –, gewinnt die Krümmung an Bedeutung und offenbart sich.

Die Vorstellung, die Erde sei rund und nicht flach, wurde vor mehr als zweitausend Jahren geboren, als der griechische Mathematiker Eratosthenes, der in der ägyptischen Stadt Alexandria stand, die Schatten mit denen in Syene verglich, einer Stadt, die rund 784 km südlich liegt, genau auf dem Wendekreis des Krebses. Einen Augenblick lang, am Mittag während der Sommersonnenwende, sehen die Einwohner von Syene die Sonne direkt über ihren Köpfen. Genau in diesem Moment fallen die Sonnenstrahlen in Syene senkrecht in die Brunnen, sodass die Bewohner der Stadt unten das Wasser schimmern sehen. Jedenfalls wurde das

Eratosthenes erzählt. Doch in Alexandria geschah nichts dergleichen. Stattdessen beobachtete Eratosthenes, dass die Sonnenstrahlen zur gleichen Zeit in Alexandria in einem Winkel von siebzig Grad auf den Boden trafen. Aus dieser Beobachtung leitete er einen vortrefflichen Schätzwert für die Erdkrümmung ab – ein schönes Beispiel dafür, dass sich Krümmung erst dann zeigt, wenn man eine Beziehung zwischen verschiedenen Punkten herstellt.[10]

Die Krümmung der Erde bewirkt nicht nur, dass man bis auf den Boden eines Brunnes sehen kann, sondern auch, was wichtiger ist, wie wir die Erdoberfläche bereisen. Stellen Sie sich einen Moment vor, eine Reise führte direkt von der Stadt Lima in Peru, wo ich einmal lebte, bis zum Nordende Madagaskars (Abb. 2.1). Lima und die Nordspitze Madagaskars liegen fast auf gleicher geografischer Länge (rund 11.5° südlich), während sich die Spitze von Madagaskar etwa 13 000 km östlich von Lima befindet. Würden wir unsere Reise in Lima beginnen und einen Flug nach Madagaskar nehmen, könnten wir naiv vermuten, der Pilot würde das

---

10 Syene liegt 784 km südlich von Alexandria, fast auf der gleichen geografischen Länge. Wäre die Erde flach, träfen die Lichtstrahlen beide Städte im selben Winkel, sodass die Schatten gleicher Objekte an beiden Orten identisch erschienen. Eratosthenes gelangte zu dem Schluss, dass die Erde rund sein müsse, nachdem er festgestellt hatte, dass die Winkel, in denen die Lichtstrahlen beide Städte erreichten, sich um 7° unterschieden. Danach wäre der Radius R der Erde etwa $R = 784\,\text{km}/\tan 7°$, was ungefähr 6385 km entspräche. Wenn wir mit dem Wissen zurückschauen, das wir in 2000 Jahren erworben haben, können wir festellen, dass das Ergebnis bemerkenswert genau ist, denn heute ist uns bekannt, dass der Radius der Erde 6371 km beträgt. Dieser Winkelunterschied entspricht genau der Art und Weise, wie wir Orte auf der Erdoberfläche mit Koordinaten beschreiben: Alexandria liegt auf 31° nördlicher Breite und Syene auf 24° nördlicher Breite, also genau 7° südlich von Alexandria.

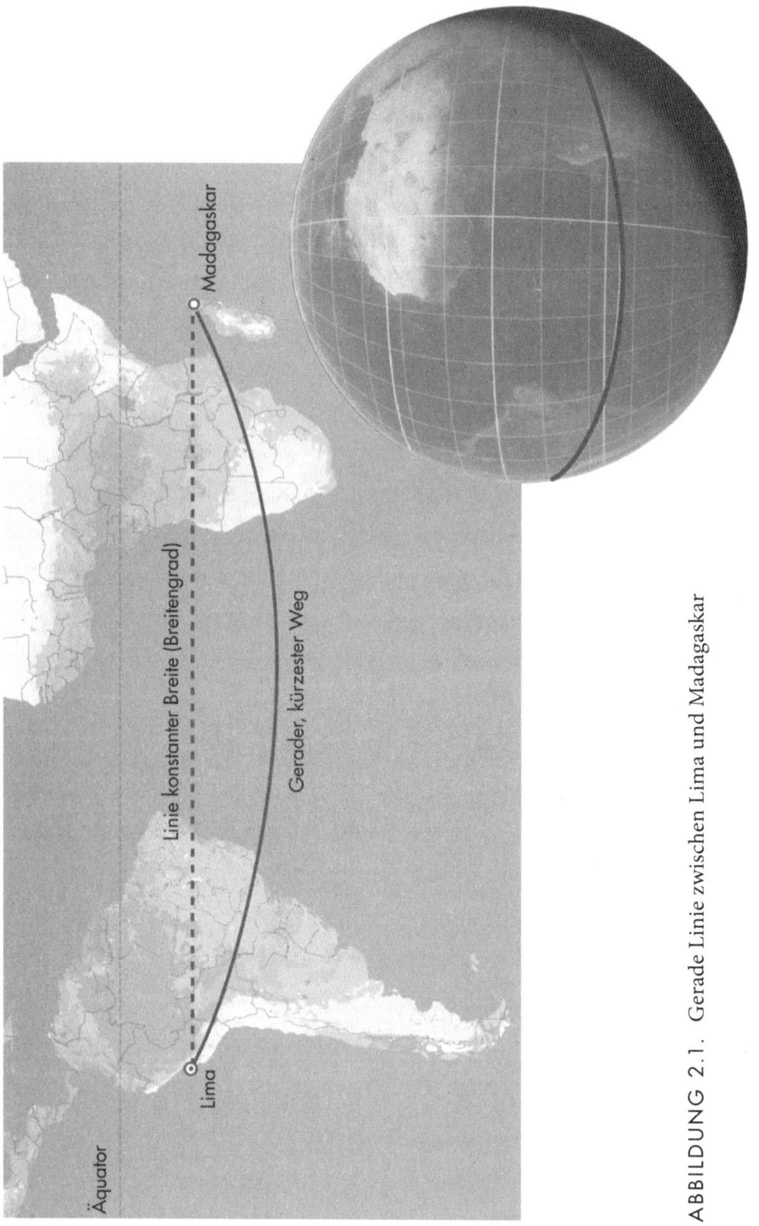

ABBILDUNG 2.1. Gerade Linie zwischen Lima und Madagaskar

Flugzeug auf eine Flugbahn direkt nach Osten bringen. Doch damit bewiese er wenig Verständnis für die tatsächliche Beschaffenheit unserer Welt. Auf der gekrümmten Oberfläche der Erde wäre eine gerade Flugbahn nach Osten weder der direkteste Weg noch die kürzeste Reiseroute. Abgesehen davon, dass eine solche Flugbahn länger als nötig wäre, würde sie den Piloten auch dazu zwingen, den Kurs des Flugzeugs ständig zu korrigieren, um eine genaue östliche Flugbahn zu halten. Stattdessen würde jeder vernünftige Pilot zuerst für die halbe Strecke einen südöstlichen Kurs festlegen, um dann auf alle weiteren Korrekturen zu verzichten, weil das Flugzeug von ganz allein auf der restlichen Hälfte eine nordöstliche Richtung einschlüge (vorausgesetzt, es gäbe keine Beeinflussung durch Wind oder andere Faktoren). Eine solche Flugbahn erschiene auf einer projizierten Karte der Erde als Kreisbogen, wäre aber tatsächlich die »geradestmögliche« Linie, die beide Orte miteinander verbindet.

Eine gerade Linie zwischen zwei Punkten auf einem gekrümmten Raum ist die kürzeste Verbindungslinie. Es ist gleichzeitig die Bahn, der wir natürlicherweise folgen würden, wenn uns nicht irgendwelche Kräfte vom Weg abbrächten. Denn wenn wir zwei Punkte verbinden, indem wir den kürzesten Weg zwischen ihnen einzeichnen, kommen wir, wenn wir die Anfangsrichtung jenes Weges einschlagen, mit Sicherheit an unser Ziel. Jede Abweichung wird unsere Reise einfach verlängern. Genauso wie auf meiner eigenen Reise – von Peru nach Madagaskar, vom Traum, Astronautin zu werden, zum Physikstudium – wird ein gerader Weg durch eine gekrümmte Realität häufig der direkteste Weg sein, selbst wenn er auf den ersten Blick nicht danach aussieht.

Oft veranlassen uns instinktive Vorstellungen dazu, gerade Linien mit einem Lineal auf einem flachen Blatt Papier zu assoziieren. Doch wieder einmal beweist die Natur, dass sie über weit mehr Phantasie verfügt, als wir uns hätten träumen lassen. Die ellipsenförmigen Bahnen, die die Planeten um die Sonne beschreiben, weisen keinerlei Ähnlichkeit mit einer geraden Linie in einem flachen Raum auf. Warum sollten sie auch? Schließlich ist das gesamte Sonnensystem kein flacher Raum, noch nicht einmal eine flache Raumzeit. Entscheidend ist die Anwesenheit der Sonne und in geringerem Maße die Präsenz der anderen Planeten im Sonnensystem sowie der Staub und die dunkle Materie – sie alle tragen zwangsläufig zur Krümmung der Raumzeit bei. Dank ihrer exorbitanten Masse übt die Sonne den größten Einfluss auf die Krümmung aus, der die Planeten im Sonnensystem unterliegen. Der Effekt dieser Raumzeitkrümmung ist für die ellipsenförmigen Umlaufbahnen verantwortlich – oder zumindest für den Umstand erforderlich, dass sie so erscheinen, wenn sie auf ein flaches Blatt Papier projiziert werden. In Wirklichkeit sind sie absolut gerade, betrachtet man sie im Kontext der gekrümmten Raumzeit, in die sie eingebettet sind. Aus dem Blickwinkel der Planeten und von unserem Standpunkt aus, dem der Erdbewohner, sind wir alle davon überzeugt, dass wir uns geradlinig fortbewegen. Seit der Geburt des Sonnensystems und unserer eigenen auf diesem Planeten gibt es kein Innehalten, Schlenkern oder Umkehren, sondern nur einen Weg vorwärts, eine vollkommen gerade Linie.

KAPITEL 3

Gravitation und die ihr innewohnende Kraft

Oft sagte meine Mutter im Scherz, wenn ich beschlossen hätte, in der Mitte der Straße zu gehen, sei es leichter, die Straße wegzuziehen, als mich von ihr herunterzubekommen. Heute lässt meine vierjährige Tochter eine ähnlich unvernünftige Entschlossenheit erkennen, aber ich kann mir nicht helfen, ich bewundere ihre Willenskraft. Obwohl ich mir gelegentlich wünsche, diese ginge mit einem stärkeren Überlebensinstinkt einher – besonders wenn sie ihre eigenen Experimente mit der Gravitation anstellt, indem sie auf dem Treppengeländer balanciert –, weiß ich doch, dass es letztlich gut für sie ist. Wenn ich auf mein eigenes Leben zurückblicke, so hatte mein Bestreben, Astronautin zu werden, fast keinerlei Aussicht auf Erfüllung. Schließlich wählte die Europäische Weltraumorganisation ESA 1992 nur sechs Astronauten aus einer Bewerberzahl von mehr als zweiundzwanzigtausend aus. Doch sobald der Ehrgeiz einmal erwacht war, wurde er rasch stark genug, um die vor mir liegenden Hindernisse in freudige Aussichten zu verwandeln.

Es gibt keinen Vorbereitungskurs, der einem garantiert, dass man zu den Auserwählten gehört, aber ich war entschlossen, mich davon nicht entmutigen zu lassen. Als Kind auf Madagaskar hatte ich keinen mühelosen Zugang zu Internet, Fernsehprogrammen, Büchereien oder Museen, aber ich hatte einen sehr viel besseren Ersatz: eine außerordentlich anregende Kultur, in der indonesische und afrikanische Einflüsse sich vermengten, und eine der schönsten Umwelten des Planeten. Außerdem hatte ich jede Nacht einen völlig unverstellten Blick auf den Himmel, lebte inmitten einer unglaublichen Biodiversität und schwamm nahezu jeden Tag im Indischen Ozean, in dem ich nach Belieben mit der Schwerelosigkeit experimentieren konnte. Unter Wasser war ich umgeben von Tausenden bunten, fremdartigen Lebensformen, fasziniert von der Fähigkeit, die Gravitation einfach durch die in meine Lunge aufgenommene Luftmenge zu beeinflussen. Sobald ich einen Tauchlehrer gefunden hatte, der nett genug war, mich zu unterrichten, begann ich mit dem Sporttauchen und entdeckte ein vollkommen neues Universum, begleitet von dem etwas unheimlichen Gefühl, nicht zu wissen, wo oben und wo unten war. Doch schließlich gelang es mir, mit dieser Umgebung zu verschmelzen, und so erlebte ich eine Welt von ganz eigenartiger Schönheit und Stille.

Mochte ich die Zeit in den Tiefen des Ozeans auch nach Kräften genießen, so war doch klar, dass das beste Training über den Wolken stattfinden würde. Ich musste Pilotin werden. Leider ist Fliegen kein billiges Hobby, doch als ich mit einem Postdoc-Forschungsstipendium nach Waterloo in Ontario kam, hatte ich endlich die Möglichkeit (und das Geld), Flugunterricht zu nehmen. Oft fand er in den frühen Morgenstunden statt, sodass ich, den 20 Minusgraden des kanadischen Winters trotzend, rechtzeitig zum Arbeitsbeginn erscheinen konnte. Doch mir konnte noch so kalt sein, das Empfinden verschwand, wenn die winzige Diamond

Katana ihre Nase in die Luft hob und sich unter mir eine gefrorene Landschaft ausbreitete. Sobald ich meinen Flugschein für einmotorige Flugzeuge gemacht hatte, begann ich mit meinen Kollegen kleine Flüge zu unternehmen: vom Michigansee zum Huronsee und noch kurz zu den Niagarafällen an der Ecke des Eriesees. Auf dem Weg zum Flugplatz gerieten wir häufig in physikalische Streitgespräche, und ich muss heute noch lächeln, wenn ich daran denke, wie alle auf wunderbare Weise verstummten, sobald wir in der Luft waren. Das veränderte den Charakter unserer beruflichen Beziehungen.

Aus den Wolken zurückgekehrt, widmete ich meine Tage als vollzeitbeschäftigte theoretische Physikerin der Gravitation und Kosmologie. Obwohl ich den größten Teil meiner Zeit vor Tafeln oder in Seminaren verbrachte, reichte die Zeit, die ich vor meinem Computer verbrachte, aus, um meine Sehleistung zu beeinträchtigen. Ich benötigte eine Brille, um weiter fliegen zu können. Zwar lag meine Kurzsichtigkeit noch innerhalb der Normen, die für Astronauten vorgegeben sind, doch ich wollte kein Risiko eingehen. Wie sich herausstellte, kann das Auge, wie jeder andere Muskel im Körper, durch entsprechende Übungen trainiert werden. Ich muss zugeben, dass ich zunächst skeptisch war, doch in den nächsten Jahren nahm ich mir jeden Tag Zeit für das Training meiner Augenmuskeln, indem ich sie zwang, sich zusammenzuziehen und zu entspannen. Als im Rahmen der Eignungsprüfung für Astronauten meine Augen getestet wurden, hatte ich die Sehleistung eines Auges erfolgreich von 25 % auf 100 % verbessert, sodass ich den Teil der Prüfung, der mir am meisten Sorgen bereitet hatte, mit Auszeichnung bestand.

Als Zehnjährige hatte ich mir in den Kopf gesetzt, Astronautin zu werden. Zwei Jahrzehnte später, 2007, verlautete gerüchtweise, die ESA plane eine neue Bewerbungsrunde, die erste seit fünfzehn Jahren, daher wurde es Zeit, mich vorzubereiten. Die früheren Bewerbungsrunden zeigten mir, dass die Psychologie- und IQ-Tests, die anspruchsvollsten Teile des Auswahlprozesses, an die Tests für Lufthansapiloten angelehnt waren. Zwar hatte ich keinen direkten Zugriff auf diese Tests, aber doch eine gewisse Vorstellung von den Fertigkeiten, die dort überprüft wurden. Daher beschloss ich, einige Softwareprogramme zu schreiben. Die sollten mir helfen, meine Koordinationsfähigkeit, mein räumliches Vorstellungsvermögen und das Gedächtnis zu trainieren und zu verbessern. Ich habe Kollegen, die Zahlenartisten sind und jedes beliebige Programm in Minutenschnelle schreiben können – Fähigkeiten, die mir leider abgehen. Ich brauchte einige Monate, aber am Ende verfügte ich über eine Reihe selbst geschriebener Übungstests, die ich auf meinem Computer laufen lassen und nach Bedarf abwandeln konnte.

Außerdem wusste ich, dass körperliche Fitness große Bedeutung für den Auswahlprozess hatte. Weder war ich noch werde ich jemals eine gute Läuferin sein. Meine Entscheidung, mich dem Laufteam der Waterloo University anzuschließen, lässt also deutlich erkennen, wie groß mein Wunsch war, Astronautin zu werden. Mein Partner Andrew, der mich in allem, was ich tat, unterstützte, begleitete mich sogar auf dem morgendlichen Lauf, den das Team am Neujahrstag 2008 trotz des eisigen kanadischen Winters angesetzt hatte. Vom Fitnesstraining über die Augenübungen bis hin zu meinen »Lufthansa-Tests« wurde alles, was ich tat, von einer inneren Kraft gespeist. Wenn wir uns etwas fest vornehmen, finden wir diese Kraft in uns – die Frage ist nur, wie tief wir graben müssen, um auf sie zu stoßen.

Wie sich herausstellt, ist die Gravitation in dieser Hinsicht ganz ähnlich. Wir stellen uns Gravitation als ein unvermeidliches Phänomen vor, etwas, in das wir buchstäblich hineinfallen. Doch was wäre, wenn sie viel mehr wäre? Bislang habe ich mich in meiner Beschreibung der Gravitation darauf beschränkt, dass sie anders als der Elektromagnetismus und die sonstigen Kräfte der Natur ist. Und dass sie sich direkt in der gekrümmten Geometrie der Raumzeit manifestiert, in der wir leben. Tatsächlich ist es nützlich, die Gravitation als Raumzeitkrümmung zu beschreiben, wenn man sich fragt, wie die Sonne das Licht ferner Sterne ablenkt oder wie die Erde die Gravitationsanziehung erzeugt, die uns an ihrer Oberfläche festhält. Doch diese Raumzeitstruktur ist lediglich das Gefüge der Natur, die der Gravitation ihre Existenz ermöglicht. Wenn wir tiefer in die Schichten der Gravitation eindringen, werden wir sehen, dass ihr selbst eine Kraft innewohnt – eine Kraft, die sich zeigt, wenn wir die Entwicklung der Körper betrachten, die dieser Kraft unterliegen.

Gravitation spüren

Wie fühlt sich Gravitation an? Sollte diese Frage sinnlos erscheinen oder einfach lächerlich, können wir einen anderen Ansatz wählen. Wenn wir *Gravitation* durch *Licht* ersetzen, ist die Antwort vielleicht einfacher. Fast jede Lebensform auf dem Planeten, von den einfachsten Bakterien bis zu den Pflanzen und Tieren, hat im Zuge seiner Evolution die Fähigkeit entwickelt, Licht ohne Mühe zu fühlen oder zu sehen. In Pflanzenblättern kann Chlorophyll das Sonnenlicht direkt aufnehmen und in Energie umwandeln. Beim Menschen ist die Netzhaut im Augenhintergrund ständig damit beschäftigt, Licht zu entdecken und aus ihm elektrische Signale zu entwickeln, die unsere Neuronen verarbeiten können, während unsere Hautzellen die Wärme der infraroten elektromagnetischen Wellen spüren, sobald sie auf unseren Körper treffen. (Letzterem Phänomen verdankte David Julius 2021 einen geteilten Nobelpreis für Physiologie oder Medizin, weil er die betreffenden Wärmerezeptoren entdeckt hatte.) Studien zeigen, dass selbst primitive Geschöpfe wie Bakterien zwischen Licht und Dunkelheit unterscheiden.

Können wir also, um auf die Gravitation zurückzukommen, in der nahen Zukunft mit einem Nobelpreis für die Entdeckung von Gravitationsrezeptoren rechnen, die in unsere Haut eingebettet sind? Findet sich die Antwort vielleicht im vestibulären System des Innenohrs? Dieses System, das mit unserem Gleichgewichtssystem zusammenhängt, ermöglicht uns, unsere Position im Raum zu bestimmen. Doch unser vestibuläres System kann noch so fein abgestimmt sein, es wird nie empfindlich genug reagieren, um die einheitliche Struktur der Raumzeit und ihrer Krümmung zu erfassen oder gar die darin verborgene Kraft zu spüren.

Aber vielleicht ist ja das Gefühl für Gravitation mit den Rezeptoren unseres Tastsinns verknüpft (die Entdeckung, der Ardem Patapoutian den anderen Teil des Nobelpreises für Physiologie oder Medizin des Jahres 2021 verdankt)? Schließlich scheint der Druck, der auf unseren Körper ausgeübt wird, wenn wir fallen und auf dem Boden auftreffen, unmittelbar mit der Gravitation verknüpft zu sein. Von klein auf handeln wir uns blaue Flecken und Abschürfungen ein, daher verbinden wir bald das Gefühl für Gravitation mit dem Schock, den wir beim Aufprall erleben. Tatsächlich ist die Gravitation für die Beschleunigung in Richtung des Bodens verantwortlich, doch abgesehen von der ängstlichen Vorwegnahme dessen, was in Kürze passieren wird, spüren wir während des Fallens selbst herzlich wenig, denn wir befinden uns im Zustand der Schwerelosigkeit (zumindest gilt das für den leeren Raum, in dem es keinen Luftwiderstand gibt).

Wie steht es mit den unangenehmen Empfindungen, die wir beim Aufprall spüren? Ist das Gravitation? Nein, nicht wirklich. Dieses Gefühl hat etwas mit der festen Beschaffenheit des Bodens und dem nach dem Physiker Wolfgang Pauli benannten Prinzip zu tun. Nach dem Pauli-Prinzip können zwei Elektronen (oder zwei Protonen im Kern unserer Atome) nicht zur gleichen Zeit den gleichen Raum einnehmen – oder genauer, sie können sich nicht im gleichen Quantenzustand befinden. Daraus folgt, dass wir unsere Bahn nicht endlos fortsetzen können, wenn uns feste Materie den Weg versperrt. Da die Elektronen und Protonen bereits diesen spezifischen Zustand einnehmen, ist es Elektronen und Protonen unseres Körpers unmöglich, zwischen ihnen hindurchzukommen. Diese besondere Unfähigkeit, den Raum mit anderen zu teilen, ist tief in die Substruktur jedes Atoms und jeder Zelle unseres Körpers eingebettet. Demnach ist das Pauli-Prinzip und nicht die Gravitation für die Stabilität der Materie und das schmerzhafte Ende unseres Fallens verantwortlich.

Wie können wir dann Gravitation wirklich spüren? Wenn wir bisher etwas über Gravitation gelernt haben, dann die Tatsache, dass die Lösung ihrer Rätsel eine Aufgabe ist, die nicht im Alleingang zu bewältigen ist. Zwar haben Galilei, Newton und Einstein schon den Löwenanteil geleistet, aber auch sie haben nie ganz allein gearbeitet. Entsprechend gibt es in unserem Körper keine Zelle, keine Geschmacksknospe, keine Nervenendigung, die jemals in der Lage sein wird, wirklich zu spüren und zu ermessen, wie sich die Gravitation selbst anfühlt. Das Empfinden der Gravitation setzt voraus, dass Geschehnisse an verschiedenen Punkten in Raum und Zeit miteinander verglichen werden – so wie wir von der Krümmung der Erde oder der Krümmung der Raumzeit nur sinnvoll sprechen können, wenn wir miteinander vergleichen, was an verschiedenen Orten geschieht.

Stellen Sie sich vor, Sie und Ihr Nachbar beschließen, sich gemeinsam auf eine Abenteuerreise zu begeben, und beide brechen Sie, genau parallel zueinander, in die gleiche Richtung auf und setzen Ihren Weg anschließend »immer geradeaus« fort. Wären Sie in einem flachen Raum, vollkommen ohne Krümmung, bliebe der Abstand zwischen Ihnen beiden dabei vollkommen gleich, egal, wie weit Sie reisen würden. Aber die Oberfläche der Erde besitzt keine flache Geometrie. Würden Sie einige Meter voneinander entfernt stehen und ihre Reise in die gleiche Richtung beginnen, jeder auf geradem Weg vorwärts, veränderte sich der Abstand zwischen Ihnen infolge der Krümmung der Erde und damit auch des zwischen Ihnen befindlichen Raums.

Nehmen wir beispielsweise an, Sie beginnen ihre Reise am Äquator. Gehen Sie in gerader Linie nach Norden, nimmt der Abstand zwischen Ihnen allmählich ab (siehe Abbildung 3.1). Wenn Sie den wahren geografischen (nicht den magnetischen) Nordpol erreichen, stehen Sie buchstäblich aufeinander. Natürlich ist – aus Gründen, die mit dem Pauli-Prinzip zusammenhängen – zu hoffen, dass einer von Ihnen vernünftig ist und dem anderen Platz macht. Uns geht es hier jedoch darum, dass sich – obwohl Sie beide auf direktem Weg in Richtung Norden gehen – der physische Abstand zwischen Ihnen verändert, weil Sie sich über die

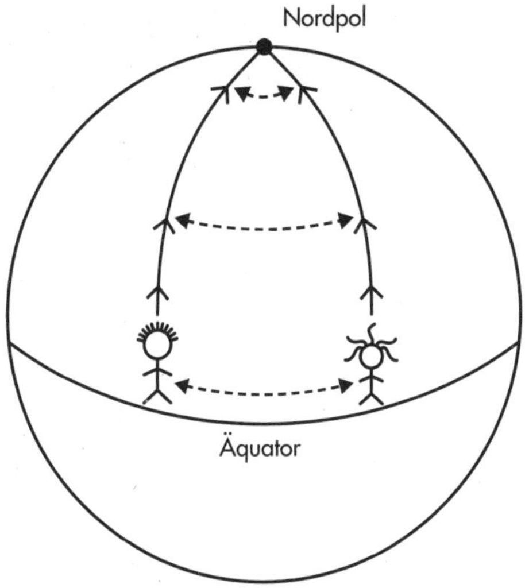

ABBILDUNG 3.1. Auf geraden Linien über die Oberfläche der Erde; eines der vielen Beispiele, in denen gerade gehen nicht gerade einfach ist.

gekrümmte Oberfläche der Erde bewegen.[11] Da Ihre Bahn von der Krümmung Ihrer Umgebung beeinflusst wird, wäre Ihr Weg geradlinig und doch gekrümmt, begänne parallel und führte doch zum Zusammentreffen.

Natürlich ist die Erdoberfläche nur ein gekrümmter Raum – und keine Raumzeit –, daher stimmt unsere Analogie nicht ganz, und unsere Vorstellung von den Folgen, die eine gekrümmte

11 Wenn Sie sich nicht direkt auf dem Äquator befinden, wird Ihnen das Gleiche passieren, wenn Sie und Ihr Nachbar genau nach Osten (oder Westen) gehen. Wie uns in Kapitel 2 das Beispiel des Flugs von Peru nach Madagaskar zeigte, würde es ständige Korrekturen verlangen, den Kurs nach Osten dauerhaft beizubehalten. So ist das Leben auf einem gekrümmten Planeten nun einmal.

Raumzeit für uns haben kann, bleibt notgedrungen etwas begrenzt. Trotzdem macht schon dieses Beispiel deutlich, wie die Krümmung des Raums (der Raumzeit) sich unterschiedlich auf benachbarte Bahnen auswirkt. Und in genau dieser Abweichung manifestiert sich die Kraft der Gravitation.

Stellen Sie sich zum Beispiel vor, wir würden im obigen Beispiel nicht den Weg der beiden Reisenden nach Norden verfolgen, sondern den Weg einzelner Körperteile. Was wäre, wenn auf unserem Weg durch die Krümmung der Raumzeit die Bahnen, auf denen sich unsere linke und unsere rechte Hand befänden, beträchtlich voneinander abwichen? Egal, wie eifrig wir neue Yoga-Stellungen ausprobierten, ich bin sicher, wir kämen an einen Punkt, an dem diese Dehnung ein bisschen zu heftig für unseren Geschmack würde. Wäre die Gravitation stärker, spürten wir ihre Kraft durch die Art, wie sie verschiedene Zellen unseres Körper in bestimmten Richtungen auseinander- und in anderen zusammenziehen würde: nicht durch das Fallen an sich, auch nicht durch die Prellungen, die wir beim Aufprall erlitten, sondern durch die *Gezeitenkräfte*, die unsere Körper in verschiedenen Richtungen zögen oder drückten, da sich die Zellen, aus denen wir bestehen, nach Kräften bemühen würden, dem besonderen, von der Gravitation diktierten Raumzeitpfad zu folgen.

Doch unsere beste Chance, die Gravitation wahrzunehmen, bestünde wohl darin, sie zu hören. Die Gezeitenkräfte der Gravitation brächten die verschiedenen Zellen in unseren Trommelfellen wohl dazu, sich voneinander zu entfernen, lange bevor wir sie fühlen, sehen oder ertasten könnten. Um die Gravitation auf der Erde zu hören, benötigten wir allerdings Körper mit einer akustischen Wahrnehmungsfähigkeit, die hundert Milliarden Milliarden Mal feiner ist als gegenwärtig, daher wird es wohl noch eine Weile dauern, bis jemand den entsprechenden Nobelpreis bekommt. Sollten Sie sich aber jemals in der Nähe eines Schwarzen Lochs befinden, werden Sie den Klang der Gravitation rasch als unangenehm empfinden.

Gezeitenkräfte

Um den Eindruck zu vermeiden, bei der Arbeit theoretischer Physiker gehe es vor allem um Begriffe und Ideen, während Berechnungen, Vorhersagen und Zahlen nur von nachrangiger Bedeutung seien, möchte ich kurz auf die Bedeutung der berühmten Einstein-Gleichungen verweisen. Diese Gleichungen – oder die, wie ich lieber sage, Einstein-Hilbert-Wirkung der Gravitation, aus der sich die Einstein-Gleichungen ableiten lassen – sind absolut entscheidend für die meisten bahnbrechenden Entdeckungen der letzten hundert Jahre auf dem Gebiet der Gravitation, Astrophysik und Kosmologie. Sie waren die Voraussetzung für Weltraumforschung und globale Kommunikation. Sie sind eine der am gründlichsten überprüften naturwissenschaftlichen Theorien und befinden sich in vollkommener Übereinstimmung mit allen diesbezüglichen Beobachtungen und Experimenten.

Jeder, der sich mit der Gravitation befassen möchte, ist gut beraten, wenn er sich gründliche Kenntnisse über diese Einstein-Hilbert-Wirkung verschafft. Der einzige Grund, warum wir uns noch nicht direkt mit den Einstein-Gleichungen beschäftigt haben, liegt darin, dass sie zu den Gleichungen gehören, die am schwersten zu lösen sind. In Wahrheit sind Einsteins Gleichungen nicht nur schwer zu lösen, sondern unmöglich *exakt* zu lösen! Kein Computer, egal, wie leistungsfähig er wäre und wie lange wir ihn dafür laufen ließen, könnte das ohne Näherungen oder Vereinfachungen leisten. Sehr häufig müssen wir als Physiker entscheiden, welche Vereinfachungen oder Näherungen zur Behandlung unserer Probleme angemessen sind, ohne dass sie die Verlässlichkeit unserer Arbeit gefährden.

Eine solche Näherung ist die Überlegung, dass die Gesamtkrümmung der Raumzeit, in der wir leben, von den Auswirkungen eines einzigen Körpers dominiert wird. Im Sonnensystem behandeln wir die Sonne als Haupt-Gravitationsquelle. Jeder andere Planet oder Körper trägt nur in deutlich geringerem Maße bei, daher betrachten wir sie als geringfügige Korrekturen, als »kleine Störungen«. Im Sonnensystem ermöglicht uns eine solche Näherung beträchtliche Fortschritte bei einer Vielzahl von Problemen – und sie liefert Ergebnisse, die mit den Beobachtungen übereinstimmen. Doch was, wenn wir eine kompliziertere Situation erforschen wollen, die nicht nur von einem einzigen Körper beherrscht wird, sondern in der zwei oder mehr vergleichbare Körper elegant umeinander tanzen? Dann hat uns die komplexe Mathematik der Einstein-Gleichungen rasch wieder eingeholt. Schon wenn sich zwei Sterne von vergleichbarer Masse umkreisen – lässt sich die zeitabhängige Krümmung, die sich aus Einsteins Gleichungen ergibt, nicht mehr exakt bestimmen. Daher müssen wir weitere Vereinfachungen vornehmen. In der Physik verlangt uns schon ein so einfaches System wie das Zwei-Körper-Problem ein erhebliches Maß an Mühe und Geschicklichkeit ab.

Traurigerweise hat sich in der akademischen Welt ein Zwei-Körper-Problem anderer Art ergeben, das eine interessante Analogie dafür liefert, wie es sich anfühlt, wenn man von einer geheimnisvollen Kraft auseinandergezogen wird. Und zwar beschreibt der

Begriff »Zwei-Körper-Problem« auch ein altes Problem der akademischen Welt, mit dem sich viele Paare konfrontiert sehen: Oft haben Hochschullehrer und -forscher Partner, die auf demselben Feld tätig sind. Besonders häufig kommt das in der theoretischen Physik vor. Nich selten verlangt unsere Forschungsarbeit, dass wir uns jahrelang auf schwierige technische Probleme konzentrieren, da ist es keine Überraschung, dass viele von uns eine tiefe, ganz besondere Bindung zu den wenigen Seelen auf diesem Planeten knüpfen, mit denen wir unsere Gedanken und Ideen teilen können.

Natürlich würde ich, wenn Sie mich fragten, beteuern, dass mein Partner Andrew unbeschreiblich und einzigartig ist. Aber wie zahllose andere Paare in der akademischen Welt lernten wir uns kennen, als wir an unseren Doktorarbeiten saßen, in unserem Fall an der University of Cambridge. Damals arbeiteten wir in benachbarten Büros und untersuchten, wie sich zusätzliche Raumdimensionen auf die Entstehung und den möglichen Ursprung unseres Universums auswirken könnten. Häufig diskutierten Andrew und ich über Kosmologie und Gravitation. Doch erst als wir beide zu einer Konferenz in Irvine, Kalifornien, geschickt wurden – und achtzehn Stunden lang in verschiedenen Flugzeugen dicht nebeneinandersaßen –, gingen diese Gespräche über die Physik hinaus und wurden zum Beginn unserer Lebensgemeinschaft.

Damals hatte ich gerade mit meiner Promotion begonnen, und Andrew stand mit seiner kurz vor dem Abschluss. Bevor er sich »über den großen Teich« begab, um in Princeton eine Postdoc-Stelle anzutreten, waren wir drei Monate getrennt gewesen. Von Anfang an stand fest, dass wir in den nächsten zehn Jahren mit einer Fernbeziehung zu rechnen hatten. Das war die Realität, mit der man sich abfinden kann, wenn ein Ende in Sicht ist, doch in der akademischen Welt gibt es keine Jobgarantie, ganz zu schweigen von zwei Jobs im selben Land.

Nach einigen Jahren wurde die zermürbende Hin-und-Her-Fliegerei über den Atlantik durch den Nachtbus New York–Montreal ersetzt. Schließleich erhielten wir, dank unglaublich hilfsbereiter Kollegen, gemeinsam zwei Postdoc-Stellen am Perimeter Institute for Theoretical Physics und an der McMaster University in Ontario. Das Zusammenleben am selben Ort in Raum und Zeit wurde uns drei wunderbare Jahre lang gewährt, bevor wir unsere Interkontinentalreisen wieder aufnahmen, zunächst zwischen Waterloo (Kanada) und Genf (Schweiz), dann zwischen Cleveland (Vereinigte Staaten) und Genf. Da wir ständig unterwegs waren, wurde der Amsterdamer Flughafen so etwas wie ein zweites Zuhause. Wir fingen an, einander beim Zusammentreffen auf dem Flughafen kleine Holztulpen zu schenken. Als wir zehn Jahre später beide eine feste Anstellung am selben Ort hatten und meinten, sesshaft genug zu sein, um zu heiraten, hatten wir so viele Holztulpen gesammelt, dass wir damit den Hochzeitssaal schmücken konnten. Unsere Gäste, aus der ganzen Welt angereist, bekamen als kleines Souvenir eine solche Tulpe, um sie bei sich daheim einzupflanzen.

Dieses Zwei-Körper-Problem, das hoffentlich irgendwann seine eigene natürliche und elegante Lösung finden wird,[12] ist eine

12 Ich bin den freundlichen Kollegen an der McMaster University, dem Perimeter Institute for Theoretical Physics, der Case Western Reserve University und dem Imperial College London (sie werden wissen, dass von ihnen die Rede ist) unendlich dankbar, weil sie erkannt haben, dass sich hinter jedem Zwei-Körper-Problem eine gar nicht so verborgene Zwei-Körper-Chance befindet. Aber meine Gedanken gelten auch all den anderen Zwei-Körper-Problemen, die immer noch ihrer Lösung harren, und denen, für die die Trennung oder der widerstrebende Abschied von der akademischen Welt

perfekte Analogie für das Empfinden, das die reale Gravitationskraft hervorruft. Diese macht sich durch die Gezeiteneffekte bemerkbar, die verschiedene Körper relativ zueinander beschleunigen.[13] Körper werden in einer Richtung zusammengedrückt und in einer anderen Richtung gedehnt, was ihren inneren Zusammenhalt ganz schön auf die Probe stellen kann.

Ein Bote der Gravitation

Lassen wir die Mysterien der Liebe und kehren wir zurück zu denen der Physik. Vergegenwärtigen wir uns kurz, was wir bisher behandelt haben: Wenn wir zur Oberfläche der Erde fallen oder unseren Heimatplaneten umlaufen, folgen wir, so haben wir gehört, einer geraden Linie (einer sogenannten geodätischen Linie) in der durch die Erdmasse gekrümmten Raumzeit, womit der Begriff der Newton'schen Gravitationskraft vollkommen aus dem Prozess verbannt ist. Schwerer vorzustellen, aber aus unserer alltäglichen Technik nicht mehr wegzudenken, sind die kleinen Streiche, die uns – wie gesehen – die Gravitation spielt, indem sie be-

---

der einzige Ausweg war. Bedenkt man, über wie viel Sachverstand und Talent die wissenschaftliche Gemeinschaft verfügt, möchte man meinen, dass sich für ein so einfaches System wie das Zwei-Körper-Problem schon längst eine natürliche und elegante Lösung gefunden haben müsste.

13 Genauer müsste die Analogie hier vier Körper umfassen, weil sich die Wirkung der Gravitation durch einen »Quadrupol« und nicht durch einen »Dipol« manifestiert, doch wir werden für den Augenblick diese physikalischen Feinheiten beiseitelassen und später darauf zurückkommen.

einflusst, wie wir den Raum wahrnehmen und das Verstreichen der Zeit empfinden. Diese beiden Aspekte stehen in Beziehung zur Krümmung der Raumzeit, in der wir leben und in der kein Grund besteht, sich auf irgendeine Kraft zu berufen. Doch verborgen in der Krümmung selbst existiert das Konzept der Gravitations*kraft* in den Gezeitenkräften, die die verschiedenen Punkte der Raumzeit zusammenquetschen oder auseinanderziehen – was auch für alle Zellen unseres Körpers gilt einschließlich der fundamentalen Teilchen im Kern der Atome, aus denen diese Zellen bestehen.[14]

Der instantane Charakter (dass die Auswirkung auch über riesige Distanzen *augenblicklich* erfolgt) der Newton'schen Gravitation war eines der frühen Anzeichen dafür, dass sie nicht die endgültige Antwort sein konnte. Denn alle Anziehung ist auf Kommunikation angewiesen, und Kommunikation braucht Zeit. Newtons Gravitation musste durch eine dynamischere, reaktionsfreudigere Version ersetzt werden, die allgemeine Relativitätstheorie. Trotzdem stellt sich die Frage, ob wir mit ihr besser verstehen, wie Gravitation kommuniziert. Wo etwa ist dann der *Bote der Gravitation*? Auch diese Frage mag seltsam anmuten. Wie oben ist es daher vielleicht leichter, mit einer einfacheren Frage zu beginnen: Wie findet Kommunikation im Elektromagnetismus statt?

---

14 Zu unserem Glück setzen sich in den Atomen der Zellen andere Kräfte über die Gravitation hinweg (beispielsweise die elektromagnetische Kraft, welche die den Kern umgebenden Elektronen an ihrem Platz hält, und die starke Kernkraft, die in jedem Atomkern unseres Körpers Quarks zu Protonen und Neutronen zusammenschließt). Doch gleich, wie stark diese zusätzlichen Kräfte sind, wird es, wenn wir die Gravitation in ihren extremen Umgebungen betrachten, immer einen Punkt geben, ab dem die fundamentalen Gezeitenkräfte der Gravitation stark genug werden, das innerste Gefüge unseres Körpers zu zerreißen.

Das lässt sich am Beispiel des Metalldetektors am Flughafen erklären: Durch Spulen in diesem Detektor werden elektrische Impulse geschickt, die ein kurzzeitiges magnetisches Feld erzeugen, dessen elektromagnetischer Einfluss wiederum in den Bereich unter dem Detektor-Torbogen übertragen wird. Trifft dieser Einfluss innerhalb des Durchgangs auf irgendein Stück Metall, wird auch im Metall ein elektrischer Strom induziert. Der erzeugt seinerseits ein magnetisches Feld, das an den Detektor kommuniziert wird – ein Anzeichen dafür, dass ein Gegenstand aus Metall vorhanden ist.

Die Wechselwirkung beziehungsweise der Informationsaustausch zwischen Detektor und Metallobjekt wird durch einen elektromagnetischen Einfluss kommuniziert, der sich mit Lichtgeschwindigkeit ausbreitet. Wird das Gerät angestellt, kann der Detektor das Vorhandensein eines Metallgegenstands in seinem Durchgang so lange nicht entdecken, bis das Licht genügend Zeit hatte, um vom Detektor zum Objekt und wieder zurück zu gelangen. Eine kleine Zeitspanne, die aber nicht gleich null ist. Im Gegensatz zur Newton'schen Gravitation wirken elektromagnetische Kräfte nicht augenblicklich! Die elektromagnetische Kraft zwischen zwei beliebigen Körpern wird durch elektromagnetische Wellen übertragen. Die meisten von uns sagen zu diesen Wellen einfach *Licht*, das in diesem Fall, zumindest für uns, nicht sichtbar ist. Der stumme Lichtbote, der sich mit endlicher Geschwindigkeit zwischen dem Stück Metall, das wir zufällig bei uns tragen, und den Magneten des Detektors bewegt, ist für den Metalldetektor unentbehrlich.

Derselbe Bote, das Licht, sorgt für die Übertragung der elektromagnetischen Kraft zwischen allen geladenen Körpern im Universum, unabhängig von der Entfernung zwischen ihnen. Wird ein geladenes Teilchen plötzlich geschaffen, wird diese Information (seine Geburtsanzeige, wenn Sie so wollen) dem Rest des Universums mit Lichtgeschwindigkeit verkündet. Eine Sekunde dauert es, bis ein Teilchen in einer Entfernung von einer Lichtsekunde (300 000 km) die Existenz dieses neuen geladenen Teilchens bemerkt und von ihm angezogen oder abgestoßen wird. Der Metalldetektor, der ja lediglich Entfernungen von ein bis zwei Metern zu überwinden hat, operiert in kaum wahrnehmbaren Zeitspannen.

Nach diesem kurzen Umweg über den Flughafen können wir überlegen, wie sich ein dem Metalldetektor ähnliches Gerät für die Gravitation entwickeln ließe. Ein Gravitationsdetektor. Auf ihn würde im Prinzip jeder Teil unseres Körpers reagieren (obwohl das Maß an Empfindlichkeit, das erforderlich wäre, um derart schwache Kräfte zu registrieren, weit jenseits unserer gegenwärtigen und absehbaren Möglichkeiten läge). Dem Boten für Gravitation könnten wir einen ähnlichen Namen geben wie seinem Vetter, dem Licht. Wie wäre es mit, der Name fiel schon einmal weiter vorn im Buch, *Glicht* (*glight*)? Bislang bezeichnet die wissenschaftliche Gemeinschaft die Boten der Gravitation als *Gravitationswellen*, das gravitative Gegenstück zu elektromagnetischen Wellen. Wie Licht oder elektromagnetische Wellen die Boten für elektromagnetische Wechselwirkungen sind, übertragen Glicht oder Gravitationwellen die Information über alle Gravitationseffekte, denen wir möglicherweise begegnen – von der Krümmung der Raumzeit unter dem Einfluss der Erdmasse bis zum Auftreten von Gezeitenkräften.

Licht ist, wie sein Name vermuten lässt, auch *leicht* – so leicht, dass seine träge Masse (die Masse, die bestimmt, wie schwer es ist, Licht in Bewegung zu setzen) geringer ist als alles, was wir jemals gemessen haben – so leicht, dass Licht nach allem, was wir messen, masselos ist. Da es deshalb keinerlei Anstrengung bedarf, Licht in Bewegung zu setzen, ist es auch unmöglich, es zu verlangsamen oder seine unaufhörliche Ausbreitung anders als durch Absorption aufzuhalten. Aus diesem Grund bewegt sich Licht immer mit Lichtgeschwindigkeit. Glicht hat exakt dieselben Eigenschaften, zumindest nach Einsteins Gleichungen der allgemeinen Relativitätstheorie: Gravitationswellen gelten als masselos und behalten eine gleichbleibende Geschwindigkeit bei, während sie sich durch Raum und Zeit von einer Seite des Universums zur anderen ausbreiten, und zwar mit genau derselben Geschwindigkeit wie ihre Vettern, die Lichtwellen.

Bevor wir nun betrachten, wie man Glicht sehen oder hören, wie man Gravitationswellen nachweisen kann, sollten wir uns einen Eindruck davon verschaffen, wie sich diese Wellen im Vorbeistreichen auf das Gefüge der Raumzeit auswirken. Auch hier ist es vielleicht aufschlussreich, mit dem vertrauteren Vetter, dem Licht, anzufangen. Unsere Augen sind daran gewöhnt, das Licht (besonders die sichtbaren Frequenzen) aufzunehmen, aber sie unterscheiden dabei kaum zwischen seinen verschiedenen Polarisationen – den Schwingungsrichtungen der Lichtwellen. Die können wir nur erkennen, wenn wir eine moderne Brille mit polarisierten Gläsern aufsetzen (vgl. Abbildung 3.2).

Um einen klareren Eindruck von den verschiedenen Polarisationen des Licht zu bekommen, stellen Sie sich vor, Sie würden eine schwingende Welle zeichnen, die sich von links nach rechts bewegt. Je nachdem, ob das Blatt Papier, auf das Sie Ihre Welle malen, horizontal ist (flach auf dem Schreibtisch liegt) oder senkrecht (an einer Wand befestigt), werden sie zwei verschiedene und unabhängige Polarisationen des Lichts zeichnen. Nach Maxwells Theorie müssen die Schwingungen der Welle immer senkrecht zu

Eine Polarisierende Sonnenbrille filtert eine der Polarisationsrichtungen des Lichts heraus

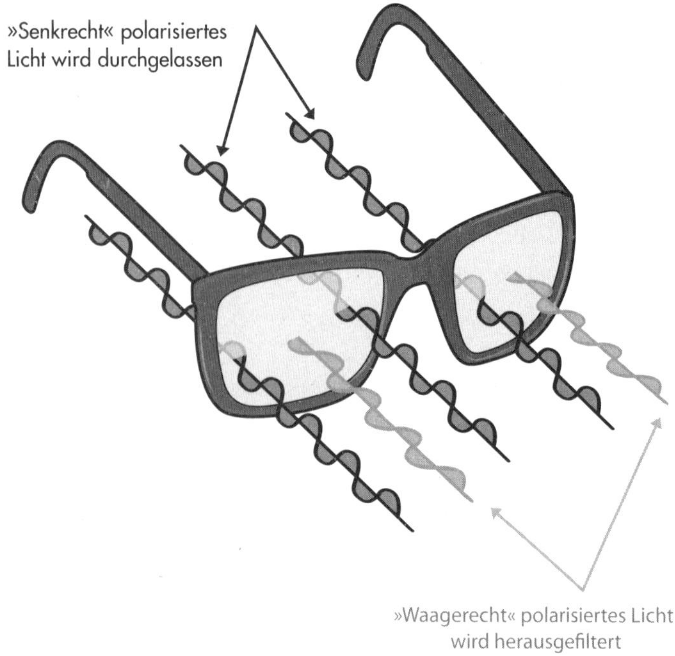

ABBILDUNG 3.2. Verschiedene Lichtpolarisierungen. Polarisierende Brillengläser lassen nur eine Polarisierung durch.

ihrer Bewegungsrichtung erfolgen, daher gibt es nur zwei Orientierungen für die Wellenlinie, die wir horizontale und vertikale Polarisationen nennen können (obwohl das Licht in wirklichkeitsnäheren Situationen eine Mischung aus beiden ist, was sich schwerer abbilden lässt).[15] Einmal in Bewegung gesetzt, können

---

15 Wäre die Geschwindigkeit des Lichts nicht festgelegt (könnte es schneller oder langsamer werden oder sogar zu einem Halt kommen), könnten die Wellen auch in Richtung der Bewegung auftreten und damit eine dritte

sich diese beiden Polarisationen frei bewegen. Sie brauchen einander nicht, um ihre jeweiligen Reisen fortzusetzen. Wird eine von ihnen absorbiert, kann die andere ihre Reise unbeeinträchtigt fortsetzen, und genau das geschieht, wenn wir polarisierte Gläser tragen.

Glicht folgt bei seiner Ausbreitung einem ähnlichen Muster, doch um den Effekt der Gravitationswellen richtig einzuschätzen, müssen wir uns den engen Zusammenhang zwischen der Gravitation und dem Raumzeitgefüge ins Gedächtnis rufen, den wir über die Verzerrung von Abständen und des Zeitflusses wahrnehmen. Ordnen sie ein paar Holzperlen so an, dass sie im Kreis zu liegen scheinen. Binden Sie die Perlen nicht zusammen, sondern lassen Sie ihnen ihre »Freiheit«. Wenn eine Gravitationswelle senkrecht durch den Kreis läuft, streckt und quetscht sie die Geometrie jener Fläche. Die »frei fallenden« Perlen folgen dem gekrümmten Raum, was den Eindruck erweckt, die Position der Perlen sei verzerrt (siehe Abb. 3.3). Wie Licht hat Glicht zwei unabhängige Polarisationen, zumindest nach der allgemeinen Relativitätstheorie.[16] Wir bezeichnen sie als »+«- und »×«- Polarisation, entsprechend den Verzerrungsmustern, die jene Wellen hervorrufen. Diese beiden Polarisationen liegen der gravitationsbedingten Gezeitenkraft zugrunde (zumindest so lange, bis wir die Quantenphysik einbeziehen).

Erscheinungsform von Wellen ermöglichen. Das könnte geschehen, wenn Licht etwas andere Eigenschaften hätte als in Wirklichkeit (nämlich wenn es nicht exakt masselos wäre).

16 Tatsächlich ergibt sich dieser Umstand nur daraus, dass wir in einer vierdimensionalen Raumzeit leben. Gäbe es mehr räumliche Dimensionen, hätte Glicht mehr unabhängige Polarisationen als Licht.

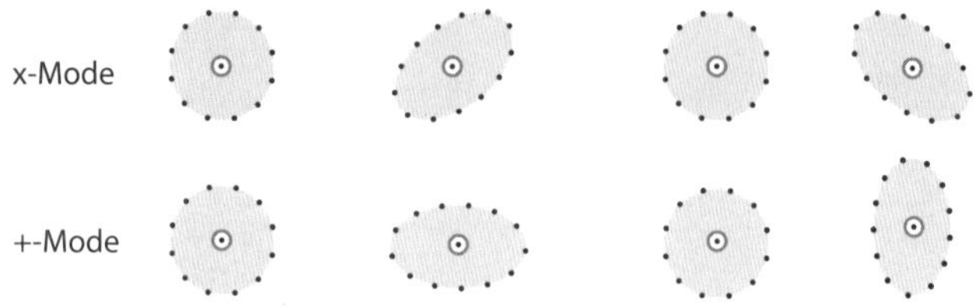

ABBILDUNG 3.3. Polarisationen von Gravitationswellen in der allgemeinen Relativitätstheorie. Die Wellen pflanzen sich dabei senkrecht zur Buchseite fort, gehen also von oben nach unten durch diese hindurch. Hierfür steht das Symbol ⊙. Die Amplitude der Wellen ist extrem stark übertrieben, sodass wir ihren Effekt mit bloßem Auge »sehen« können. Sollten wir jemals Gravitationswellen mit so großer Amplitude entdecken, würde das darauf hindeuten, dass wir am Rand eines kataklysmischen Ereignisses stehen. Wir könnten versuchen, um unser Leben zu laufen, aber da Glicht sich mit Lichtgeschwindigkeit ausbreitet, haben wir keine Chance, zu entkommen. *Quelle*: Claudia de Rham, »Massive Gravity«, *Living Reviews in Relativity*, 17, Nr. 1 (2014), S. 7.

Man beachte, dass sich zwar die von den Perlen gebildete Gesamtform verändert, während Glicht sich über das Papier ausbreitet, dass aber die Fläche, die von den Perlen eingeschlossen wird, konstant bleibt. Wenn Glicht uns durchquert, würden wir also möglicherweise eine Zeit lang größer oder dünner erscheinen, bevor wir etwas kleiner und breiter werden. Unser Gesamtvolumen jedoch würde (die anderen Kräfte in Ihrem Körper, die Sie zusammenhalten, einmal beiseitegelassen) während des Prozesses absolut gleich bleiben. Zu diesem Ergebnis kommt zumindest die allgemeine Relativitätstheorie mit ihren +- und x-Polarisationen.

Theoretisch könnte Glicht bis zu sechs unabhängige Polarisationen aufweisen. Neben den beiden oben erwähnten gibt es drei weitere, die den Raum in der Ausbreitungsrichtung der Welle strecken und stauchen, ohne das Volumen zu verändern. Dann

ABBILDUNG 3.4. Atmungsmode, auch konforme Mode genannt, ein Beispiel für eine weitere Art von Polarisation, die Gravitationswellen aufweisen könnten – allerdings nicht in der allgemeinen Relativitätstheorie. *Quelle:* Claudia de Rham, »Massive Gravity«, *Living Reviews in Relativity*, 17, Nr. 1 (2014), S. 7.

gibt es eine weitere Polarisation, die sogenannte »Atmungsmode«, die Expansion und Kontraktion des dreidimensionalen Volumens beschreibt (siehe Abbildung 3.4). Warum ignorierte Einstein diese weiteren Möglichkeiten? Kurz gesagt, weil das Äquivalenzprinzip und die aus ihm folgenden starken Symmetrieprinzipien, die von sehr grundlegender Bedeutung für die allgemeine Relativitätstheorie sind, das Auftreten dieser vier zusätzlichen Polarisationen nicht zulassen; ihr Nichtvorhandensein in unserem Universum kann als eine unvermeidbare Vorhersage der Einstein'schen Theorie angesehen werden.[17]

---

17 Wenn wir die Gravitation auf der Teilchen- oder Quantenebene betrachten (wie es in Kapitel 7 der Fall sein wird), lassen sich die Prinzipien und Grundpfeiler, auf denen die Relativitätstheorie beruht, als Nebenprodukte zugrunde liegender Stabilitätsprinzipien begreifen. Gehen wir davon aus, dass Glicht – wie Licht – masselos ist, wäre nach der speziellen Relativitätstheorie jede andere Glicht-Polarisation so instabil, dass sie nicht nur zerfallen, sondern auch das gesamte Gefüge der Raumzeit zerstören würde. Die Annahme, Glicht sei masselos, legt fest, dass alles durch diese beiden Polarisationen äquivalent mit der gleichen Gravitationskraft übertragen werden muss, was zum Äquivalenzprinzip führen würde. Die Äquivalenz von schwerer und träger Masse ergibt sich also auf der Quanten- oder Teilchenebene aus der Stabilität und Leichtigkeit von Glicht.

Bislang sind nur die beiden von Einstein vorhergesagten Glicht-Polarisationen entdeckt worden. Doch das wird die Forschungsgemeinde nicht davon abhalten, nach potenziellen Anzeichen für andere Polarisationen zu suchen, die eine Abweichung von der allgemeinen Relativitätstheorie bedeuten würden. Vielleicht gibt es diese zusätzlichen Polarisationsformen nicht, vielleicht sind sie auch einfach nur sehr scheu, oder sie zeigen sich nur unter besonderen Bedingungen.

Eine kurze Sicht auf Glicht

Jetzt, da wir mit Glicht bekannt gemacht worden sind, stellen sich sicher manche vor, es selbst zu erzeugen oder seine sanfte Berührung zu verspüren, während es sich durch die Raumzeit bewegt. Die gute Nachricht lautet, dass wir alle Gravitationswellen hervorrufen, immer und überall. Als Warmblütler geben wir Wärmestrahlung mit Eigenschaften einer »Schwarzkörperstrahlung« ab. Wir senden dabei vor allem Strahlung im Infrarotbereich aus, bei einer Wellenlänge von rund 12 Mikrometern. Gleichzeitig emittieren wir Wärmestrahlung im Spektrum von Glicht, obwohl noch keine Kamera entwickelt wurde, die sie entdecken könnte. Glichtstrahlen geben wir auch jedes Mal ab, wenn wir mit unserem Partner tanzen oder unser Herz schlägt. Tatsächlich emittieren Elektronen winzige Gravitationswellen, wenn sie den Kern in jedem Atom jeder Zelle unseres Körpers umkreisen. Alles emittiert jederzeit und überall winzige Gravitationswellen, die ständig mit dem Rest unseres Universums kommunizieren. Leider können wir die meisten von ihnen nicht entdecken. Wenn wir eine Glicht-

Strahlung finden wollen, deren Amplitude groß genug ist, um auf der Erde bemerkt zu werden, müssen wir astronomische Massen berücksichtigen, die so stark beschleunigt werden, dass niemand es in ihrer Nachbarschaft aushalten kann.

Selbst ein so massereiches Objekt wie die Sonne kann von sich aus keine ausreichend starken Gravitationswellen erzeugen.[18] Doch wenn sich Sterne zu einem engen Tanz zusammenfinden, können sie an Glicht so viel Strahlungsleistung abgeben, dass wir die Auswirkungen dieses Verlustes nachweisen können. Genau das ist Russell Hulse und Joseph Taylor 1974 gelungen, nachdem sie zwei Sterne – beide ungefähr mit der Masse der Sonne – beobachteten, die einander in einer Entfernung von nur einigen Millionen Kilometern umkreisten. Uns Menschen mögen diese Sterne relativ weit voneinander entfernt erscheinen – getrennt durch etwa den dreifachen Abstand zwischen Erde und Mond. Kann man wirklich von Engtanz sprechen, wenn Millionen von Kilometern zwischen den Partnern liegen? Ja, denn obwohl diese beiden Sterne erst in mindestens einigen Hundert Millionen Jahren miteinander verschmelzen werden, umkreisen sie einander in weniger als acht Stunden (zum Vergleich: der Mond braucht einen Monat, um die Erde zu umrunden). Sie können ihren schwindelerregenden Tango dank ihrer starken Gravitationsanziehung beibehalten – so stark, dass sie Glicht mit einer Energie (10^{24} Watt) abstrahlen, die fast ebenso groß ist wie die des Lichts, das von unserer Sonne emittiert wird (10^{26} Watt). Tatsächlich gibt das Hulse-Taylor-Doppelsystem mehr Energie durch Emission von

---

18 Die Bewegung zwischen den Elektronen und Ionen im Sonnenkern ruft zwar eine thermische Glicht-Strahlung hervor, aber die ist so schwach, dass wir sie zum gegenwärtigen Zeitpunkt nicht entdecken können.

Glicht ab als durch die Emission von Licht aller Frequenzen (einschließlich des sichtbaren Lichts). Hätte uns die Evolution mit Sinneszellen ausgestattet, die ebenso empfindlich auf Glicht reagieren wie unsere Rezeptoren auf Licht, wären wir vielleicht in der Lage gewesen, den Tanz der Sterne eher mittels der Gravitation zu hören als mittels des Lichts zu sehen.

Wirklich bemerkenswert ist das Hulse-Taylor-System dank des Umstands, dass einer der beiden Sterne ein *Pulsar* ist. Ein Pulsar ist ein Stern, der – unter den richtigen Bedingungen – dünne Lichtstrahlen von seinen Magnetpolen emittiert. Wie ein Leuchtturm am Himmel strahlt ein Pulsar fortwährend Licht von seinen Polen ab, doch da er rotiert, können wir nur dann einen Lichtimpuls beobachten, wenn sich einer seiner Pole kurzfristig in unserer Sichtlinie befindet. Der Rhythmus der Impulse, die wir beobachten können, ist so exakt, dass wir, wenn an diesem Kreistanz noch ein anderer, in der Nähe befindlicher Stern beteiligt ist, die Bewegung der beiden Sterne außerordentlich genau bestimmen können. Dank der Genauigkeit ihrer Messungen konnten Hulse und Taylor aus ihren Ergebnissen schließen, dass der Abstand zwischen den beiden Sternen (die große Halbachse) um drei Meter pro Jahr schrumpft. Bedenkt man, dass die beiden Sterne einander in einer Entfernung von einigen Millionen Kilometern umkreisen, entspricht die Genauigkeit dieser Messung der Beobachtung, dass der Abstand zwischen zwei Menschen, die durch einen Meter getrennt sind, um einen Nanometer abgenommen habe – was ungefähr der Größe eines winzigen Virus entspricht. Der errechnete Rückgang der Entfernung zwischen den Sternen befindet sich in vollkommenem Einklang mit der von der allgemeinen Relativitätstheorie vorhergesagten Veränderung der Umlaufbahn (infolge des Energieverlusts durch Gravitationswellen). Genauso wie die Sonne allmählich Masse verliert, weil sie ständig Licht emittiert – ein Umstand, der ihre Lebenserwartung begrenzt –, verliert auch jedes Doppelsternsystem durch die Emission von Glicht allmählich an Energie, was letztlich zur Verschmelzung der beiden Sterne führt.

Diese Beobachtung von Hulse und Taylor im Jahr 1974, nur einige Jahre nach der Entdeckung der Pulsare, war der unwiderlegliche, wenn auch indirekte Beweis dafür, dass es Gravitationswellen gibt und dass sie von beschleunigten Körpern emittiert werden.[19] (Vierzig Jahre später entdeckten wir die ersten Anzeichen von Glicht auf der Erde; damit wurde durch andere Verfahren bestätigt, was seit 1974 unstrittig feststand.) Inzwischen sind Tausende von Pulsaren überall am Himmel entdeckt worden. Einige befinden sich in Doppelsystemen wie dem von Hulse und Taylor, und einer sogar in einem Dreiersystem, aber die Mehrheit der Pulsare führt ein einsames Junggesellenleben, weit entfernt vom Rest der Sternenpopulation. Diese solitären Pulsare strahlen noch weniger Glicht ab als unsere eigene Sonne. Trotzdem können selbst sie noch eine wichtige Rolle bei der Suche nach Glicht spielen. Diese brillante Idee liegt dem North American Nanohertz Observatory for Gravitational Waves (NANOGrav) und dem International Pulsar Timing Array (PTA) zugrunde, die die exakten Zeitpunkte registrieren, zu denen Lichtimpulse verschiedener

19 1967 war Dame Susan Jocelyn Bell Burnell erst vierundzwanzig, als sie zusammen mit Antony Hewish den ersten Pulsar entdeckte. Hunderte von Astronomen haben es ihr nachgetan. Was zur Folge hat, dass wir heute Tausende von Pulsaren kennen. Obwohl sie selbst keine großen Mengen an Gravitationswellen emittieren, war die Entdeckung von Bell von besonderer und entscheidender Bedeutung für unsere Suche nach Gravitationswellen und wird das auch noch in den kommenden Jahrhunderten sein.

Pulsare auf der Erde empfangen werden. In einem vollkommen störungsfreien Universum folgen die Aufzeichnungszeiten dieser Impulse einem vorhersagbaren Muster. Doch was geschieht, wenn eine Gravitationswelle ihren Weg kreuzt?

Da Gravitationswellen den Raum und die Zeit stets ein wenig verzerren, wird die Bahn, die das von den Pulsaren ausgesandte Licht durchmisst, ihrerseits ein wenig gestört. Das führt zu entsprechenden Verfrühungen oder Verspätungen in unseren Aufzeichnungen der Pulse, die uns von einem Netzwerk von Pulsaren erreichen. Die Störungen sind aufschlussreiche Anzeichen dafür, dass eine Gravitationswelle an uns vorbeigelaufen ist beziehungsweise dass wir in eine zwischen Erde und Pulsaren schwappende Flut von Glicht eingetaucht sind. Die Bedeutung dieser Beobachtungen liegt darin, dass sie den gesamten Himmel als Glicht-Observatorium verwenden. Dank der Nutzung dieses riesigen Apparats konnte man am 29. Juni 2023 Gravitationswellen mit Wellenlängen von Milliarden von Kilometern entdecken und messen. Dieses Glicht wird ständig von einer Vielzahl supermassereicher Schwarzer Löcher emittiert, jedes davon mit Milliarden Sonnenmassen, die uns in allen Richtungen umgeben [3].

Anhand dieser Beobachtungen der PTA ist es vielleicht in Zukunft möglich, Gravitationswellen mit noch größeren Wellenlängen zu entdecken, die – so erwartet man – in der Frühphase des Universums emittiert wurden. Die Entdeckung solchen Glichts ermöglicht uns dann womöglich den Blick auf die Geburt des Universums.

Doch Pulsare sind nicht die einzigen Werkzeuge, die uns ermöglichen, Gravitationswellen zu beobachten. Obwohl wir in der Regel die Erzeugung von Gravitationswellen mit der Beschleunigung sehr massereicher Objekte verbinden, produziert im Prinzip jedes materielle Objekt Gravitationswellen, selbst wenn es so leicht wie das Licht selbst ist. Durch seine bloße Existenz und die Energie, die es trägt, verzerrt Licht die Raumzeit, in der es strahlt. Das Gleiche gilt für jede Welle und jedes Teilchen. In Zukunft werden wir bei unseren Messinstrumenten vielleicht eine Empfindlichkeit erreichen, dank der wir die Gravitationswellen entdecken können, die von den Planeten durch ihre Bewegung um die Sonne oder auch von irgendeinem Exoplaneten auf seiner Bahn um einen anderen Stern ausgelöst werden. Sollte uns das gelingen, könnten wir mit Hilfe des Energieverlustes durch die Emission von Gravitationswellen neue Wege für unsere Suche nach Exoplaneten-Systemen finden.

Für die meisten von uns gilt jedoch, dass die Amplituden der Wellen, die wir erzeugen, so klein sind, dass sie niemals zu entdecken sein werden, egal, wie groß der Detektor ist, noch nicht einmal für einen Detektor von der Größe des Universums. Denken Sie sich zum Beispiel zwei Menschen, die – einen halben Meter voneinander entfernt – einen rhythmischen Tanz ausführen und sich alle 10 s einmal umrunden. Ihre anmutige Eleganz kann einen Glanz ausstrahlen, aber das Glicht, das sie emittierten, hätte nur eine Amplitude von rund 10^{-43}. Die ist so lachhaft gering, dass ich mir kein Experiment auch nur vorzustellen vermag, das dieses Glicht entdecken könnte. Zum Vergleich, die in Abbildung 3.3 dargestellte Welle hat eine Amplitude von ungefähr 0,5.

Eine bessere Vorstellung von der charakteristischen Amplitude der Gravitationswellen können wir gewinnen, indem wir die Wellen betrachten, die vom Erde-Mond-Ballett ausgesandt werden. Diese Wellen haben eine Amplitude von ungefähr 10^{-24}. Bringt man zwei Perlen mit einem Abstand von 1 m in den leeren Raum, würde eine vorbeikommende Gravitationswelle mit der Amplitude 10^{-24} den Abstand zwischen diesen beiden Perlen um 10^{-24} m verschieben – das entspricht etwa einem Millionstel der Größe eines Atoms, eine absurd kleine Verschiebung! Im Erde-Mond-System würde die Emission einer solchen Gravitationswelle die Entfernung Erde und Mond um rund 10^{-15} m verschieben, was etwa der Größe eines Atoms entspricht. Da die gegenwärtige Messung der Erde-Mond-Entfernung auf einen Millimeter genau sind, müssten wir die Genauigkeit unserer Messungen um ungefähr zwölf Größenordnungen erhöhen, um eine solche Verschiebung entdecken zu können. Und doch wurde eine solche Glanzleistung vollbracht: Zwar nicht, indem man die vom Erde-Mond-System ausgesandten Gravitationswellen entdeckte, aber indem man Gravitationswellen auffing, die von Sternen oder Schwarzen Löchern ausgesandt wurden, als sie, wenn man so will, ihren letzten Tango aufs Parkett legten.

Wenn zwei kompakte Sterne oder Schwarze Löcher unmittelbar vor ihrer Verschmelzung stehen, kreisen/tanzen sie nahe der Lichtgeschwindigkeit umeinander und emittieren Gravitationswellen mit relativ hoher Amplitude. Da solche Ereignisse ziemlich heftig sind, sollten Sie ihnen lieber fernbleiben. Glücklicherweise sind die nächsten Verschmelzungen Dutzende Megaparsec entfernt (rund 10^{21} km). Das Glicht, das uns von diesen Ereignissen erreicht, wurde vor mehr als hundert Millionen Jahren emittiert, als die Erde noch mitten in der Kreidezeit steckte, beherrscht von Dinosauriern, anderen längst ausgestorbenen Reptilien und Ammoniten. Seit Hunderten Jahrmillionen breiten sich die Wellen in alle Richtungen aus, wobei sie auf ihrem Weg allmählich schwächer werden. Zu dem Zeitpunkt, da sie auf die Erde treffen, erreichen sie eine Amplitude von 10^{-20} oder weniger. Gravitationswellen dieser Größenordnung durchqueren die Erde ständig, doch um von uns entdeckt zu werden, müssen wir modernste Technik verwenden, und die Wellen selbst müssen innerhalb eines bestimmen Frequenzbereichs – oder Farbbereichs – liegen.

Wenn Gravitationswellen durch die Erde laufen, verzerren sie die Entfernungen in verschiedenen Richtungen (in Abb. 3.3 durch die Perlenkreise dargestellt). Um diese Verzerrungen zu erkennen, können wir ein Interferometer verwenden, das so ähnlich konstruiert ist wie das von Michelson und Morley. Es hat zwei lange, rechtwinklig zueinanderstehende Vakuumkammern, in denen sich das Licht ungehindert ausbreiten kann. In den beiden US-Observatorien von LIGO (Laser Interferometer Gravitational-Wave Observatory) in Hanford (Washington) und in Livingston (Louisiana) sind diese Kammern 4 km lang, im Virgo-Interferometer in Italien und im Kamioka-Gravitationswellendetektor (KAGRA) in Japan beträgt ihre Länge 3 km. Wenn das Licht das Ende der Kammer erreicht, wirft es ein aufgehängter Spiegel zu seiner Quelle zurück, wie Abbildung 3.5 zeigt. Die ganze Konstruktion ist am Erdboden befestigt und wird insgesamt von denselben elektroschwachen Kräften zusammengehalten wie alle unsere Atome. Doch die Spiegel am Ende der Kammer sind frei aufgehängt, sodass keine Kräfte von benachbarten Atomen auf sie einwirken. Das ist unsere einzige Möglichkeit, um sicherzustellen, dass sie einer geradlinigen Bahn in unserer gekrümmten Raumzeit folgen.

Wenn eine Gravitationswelle durch das Interferometer läuft, ruft sie eine Störung in der Raumzeit des Experiments hervor, und auch die Spiegel sind dieser minimalen Störung ausgesetzt. Infolgedessen wird das Laserlicht in diesen Kammern von dem Spiegel an einen etwas anderen Raumzeitort zurückreflektiert, wodurch sich die Bahnlänge des Detektorarms verändert. Diese kleine Verschiebung misst man, indem man die relative Phase des

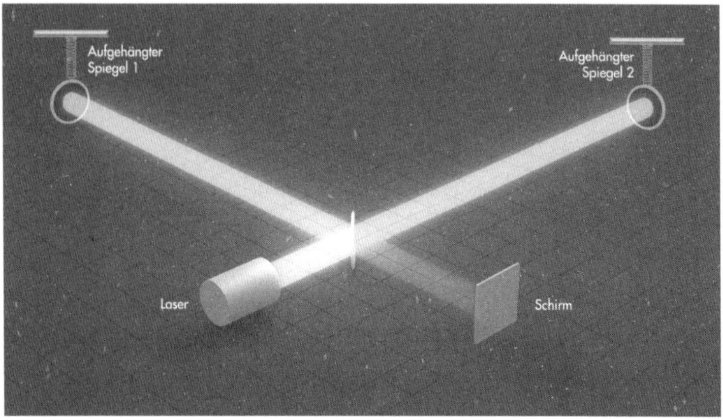

ABBILDUNG 3.5. Schematische Darstellung eines LIGO-Reflektors. *Quelle*: Übernahme von einem Screenshot des LIGO-Films. Alle Rechte vorbehalten. Mit freundlicher Genehmigung des Caltech/MIT/LIGO Laboratory.

Lichts vergleicht, das durch die rechtwinklig aufeinanderstehenden Arme des Interferometers geschickt wird.

Selbst mit einer Kammer von einigen Kilometern Länge entspricht das Bemühen, den Effekt einer Gravitationswelle mit einer Amplitude von 10^{-20} zu entdecken, dem Versuch, eine Verschiebung in der Größenordnung eines Protonenradius zu messen. Das ist dermaßen klein, dass jede lokale Störung – etwa durch ein vorbeifahrendes Auto oder selbst die heftige Bewegung eines Alligators in der Nähe des LIGO-Interferometers in Louisiana – zu ähnlichen Effekten führen könnte. Neben intelligenten geräuschunterdrückenden Vorrichtungen setzen Interferometer wie LIGO, Virgo und KAGRA in jedem Arm zusätzliche Spiegel ein, sodass das Licht mehrfach hin- und zurückgeworfen und die effektive Armlänge bei LIGO auf 1200 km erhöht wird (bei VIRGO auf 200 km). Das verstärkt den Effekt der Gravitationswelle und verursacht dort, wo man die Lichtstrahlen der Arme wieder zusammenführt, eine anhand der Interferenz nachweisbare Phasenverschiebung. Wenn eine Gravitationswelle durch das Interferometer läuft, erzeugt sie eine charakteristische periodische Fluktuation im Phasenverschiebungssignal. Die gleichzeitige Entdeckung eines solchen Signals durch zwei oder mehr Interferometer an verschiedenen Orten auf der Erde liefert den Beweis, dass eine Gravitationswelle gerade die Erde durchquert hat und ihre Reise nun friedlich bis zum Ende des Universums fortsetzt.

Glicht fasziniert mich, seit ich das erste Mal von ihm hörte, lange bevor ich mit den Einzelheiten der allgemeinen Relativitätstheorie vertraut war. Doch ich habe nicht damit gerechnet, dass es so rasch Teil unserer wissenschaftlichen Wirklichkeit würde. Nachdem wir die Gravitationswellen entdeckt haben, können wir bei Glicht einige Eigenschaften schon genauer eingrenzen als beim Licht. Tatsächlich war das berühmte Glicht-Signal, das wir am 14. September 2015 empfingen – heute sprechen wir von GW150914 –, nicht nur eine Welle mit einer einzigen Frequenz, ein langweiliges einfarbiges Ereignis, sondern eine farbenreiche, zeitlich veränderliche Nachricht mit zunehmender Frequenz. Während sie auf ihrem Weg durch das Universum war – wobei sie diverse kosmologische Strukturen durchquerte –, wurde keine ihrer Farben verschoben. Nicht eine einzige verblich oder ging verloren. Solche Beharrlichkeit und absolute Vollkommenheit ist uns von keiner anderen Welle bekannt. Keine andere Welle ist nach allem, was wir wissen, so konsequent in ihrem Verhalten, noch nicht einmal das Licht selbst. Die erste direkte Entdeckung einer Gravitationswelle bedeutete für unser Verständnis der Gravitation einen so großen Schritt vorwärts, wie wir ihn uns wohl für das Licht oder irgendeine andere fundamentale Welle oder Kraft niemals erhoffen können.

Einstein hatte recht! Oder doch nicht?

Zur Überraschung vieler Forscher gelang der erste direkte Nachweis eines Glichtstrahls fast sofort nach der gleichzeitigen Einschaltung der beiden LIGO-Detektoren in Livingston und Hanford; tatsächlich war es noch während des Testbetriebs. Doch das LIGO-Team ließ sich mehrere Monate Zeit, in denen es seine Arbeit überprüfte, bevor es mit den Ergebnissen am 11. Februar 2016 an die Öffentlichkeit ging. Meine Kollegen und ich sollten eigentlich ein Einstellungsgespräch führen, aber wir fieberten der erwarteten Ankündigung so freudig entgegen, dass die Sitzung abgebrochen werden musste. Aufgeregt stürzten wir in den Gemeinschaftsraum, um den Durchbruch mit unseren Studenten und Postdocs zu feiern. Das war der Beginn einer neuen Ära!

Als ich am folgenden Tag aufwachte, hatte ich Schwierigkeiten, mich davon zu überzeugen, dass ich das alles nicht geträumt hatte. Die Zweifel wurden zerstreut, als ich aufs Handy blickte und sah, dass die Diskussionen über die Entdeckung alle Feeds bestimmten. Sogar arXiv – das Online-Portal, auf dem wir neue wissenschaftlichen Veröffentlichungen posten, bevor wir sie bei einer Zeitschrift einreichen – quoll über von den wildesten Vermutungen. Ging man auf die Straße, rief einem, egal, wo man sich auf dem Planeten befand, die gleiche Schlagzeile in der jeweiligen Landessprache entgegen: »Einstein hatte recht!«

Ja, Einstein hatte wie in so vielen Dingen recht. Seine Theorie der allgemeinen Relativitätstheorie – die absurde Idee, dass die Gravitation die Manifestation der Raumzeitkrümmung sein könnte – war vollkommen richtig. Einstein hatte recht mit den Bose-Kondensaten. Einstein hatte recht mit den zufälligen Brown'-

schen Bewegungen. Einstein hatte recht mit $E = mc^2$. Einstein hatte sogar recht, als er sagte: »Freude am Schauen und Begreifen ist die schönste Gabe der Natur« [4]. Doch wenn es darum geht, die Existenz der Gravitationswellen zu begreifen, ist die Wahrheit nicht so einfach, wie die Schlagzeile verkündet.

Der Begriff der Gravitationswelle wurde in einer Reihe von Arbeiten zwischen 1916 und 1918 von Einstein selbst eingeführt. Er beschrieb Gravitationswellen als Fluktuationen oder Kräuselungen der Raumzeit, die sich fast ungehindert ausbreiten könnten. Doch er war nie glücklich mit dem Begriff, weil man seiner Meinung nach die Wellen nicht entdecken konnte. Im Juni 1936 ging Einstein in Zusammenarbeit mit dem amerikanisch-israelischen Physiker Nathan Rosen noch einen Schritt weiter in der Ablehnung der Gravitationswellen. Laut ihrem unveröffentlichten Aufsatz »Do Gravitational Waves Exist? Answer: No!« vom Juni 1936 waren Gravitationswellen nicht nur nicht zu beobachten, sondern nicht einmal existent. In der ersten Version ihres Artikels kamen Einstein und Rosen zu dem Schluss, dass Gravitationswellen lediglich ein mathematisches Artefakt ohne physikalische Bedeutung seien; das war die dritte gemeinsam von Einstein und Rosen verfasste Arbeit. Das berühmte Einstein-Podolsky-Rosen-Paradoxon, das die Unvollständigkeit der Quantenmechanik betraf, wurde 1935 unter dem ebenso provokanten Titel »Kann die quantenmechanische Beschreibung der physikalischen Realität als vollständig betrachtet werden?« veröffentlicht. Im selben Jahr entwickelten sie in ihrem Artikel »Das Teilchenproblem in der allgemeinen Relativitätstheorie« als erste die Idee, dass es im Inneren von Schwarzen Löchern Wurmlöcher geben könnte, auch als Einstein-Rose-Brücke bezeichnet [5, 6].

Eigentlich sollte die Behauptung, Gravitationswellen gebe es nicht, die wissenschaftliche Gemeinschaft erschüttern, wie es die beiden früheren Artikel getan hatten – zumindest erwarteten die Autoren das. In der Zeit, als Forscher noch keine Vorabdrucke online posten und Rückmeldungen über ihre Arbeiten vor der Veröffentlichung erhalten konnten, war man niemals sicher, wie die wissenschaftliche Gemeinschaft die eigenen Ergebnisse aufnehmen würde. Einstein und Rosen reichten das Manuskript direkt bei der *Physical Review* zur Veröffentlichung ein, bei der Zeitschrift, die 1935 schon die beiden vorhergehenden Artikel veröffentlicht hatte. Bis dahin waren alle Artikel, die Einstein verfasst hatte, automatisch zur Veröffentlichung angenommen worden. Doch 1936 hatte man einen neuen Selektionsprozess eingeführt: die Begutachtung durch Kollegen. In diesem Fall hat der Gutachterprozess Einstein wohl eine günstige Denkpause gewährt [7].

Während die Begutachtung heute allgemein üblich ist – mehr als die Hälfte der Manuskripte in meiner Disziplin werden von Fachzeitschriften abgelehnt, die dem Urteil der Gutachter folgen, und fast alle Manuskripte müssen überarbeitet werden, bevor sie zur Veröffentlichung angenommen werden –, war dieser Prozess für Einstein und Rosen eine Neuheit. Als Einstein knapp einen Monat später (heute dauert der Prozess oft mehrere Monate) die Antwort erhielt, war er unbeeindruckt. Die Arbeit war nicht abgelehnt worden, aber die Verfasser wurden freundlich aufgefordert, Anmerkungen des Gutachters zu berücksichtigen.

Statt eine solche Prüfung vorzunehmen, entschloss sich Einstein, den Artikel beim *Journal of the Franklin Institute* einzureichen. Das bewahrte ihn möglicherweise vor der größten Peinlichkeit seiner Laufbahn. Ihm war nicht bekannt, dass der dortige Gutachter Howard Percy Robertson war, ein bekannter Kosmologe. Glücklicherweise war Robertson hinreichend vertraut mit der Relativitätstheorie, um die Schwächen in Einsteins und Rosens Argument zu erkennen. Einige Monate später, bevor der Artikel im *Journal of the Franklin Institute* erschien, erörterte Einstein daher das Problem mit Robertson, sah seine Fehler ein und begriff die physikalische Natur der Gravitationswellen. Das verschaffte ihm die Gelegenheit, das Manuskript am 13. November 1936 zu korrigieren, bevor es 1937 veröffentlicht wurde [8].

Dank Robertson lautete der Titel der schließlich von Einstein und Rosen veröffentlichten Arbeit neutral »Über Gravitationswellen«. Am Ende hatte Einstein tatsächlich recht gehabt. Aber diese Episode verdeutlicht, dass die Entdeckung der Gravitationswellen – eine Idee, mit der Einstein selbst seine Mühe hatte – nicht beweist, ob ein Wissenschaftler oder auch nur eine Theorie recht oder unrecht hat (oder ob es sich um einen überlagerten Quantenzustand von richtig und falsch handelt). Die Entdeckung von Glicht ist nur der Anfang dieser Geschichte, nicht ihr Ende. In ihr wird es darum gehen, einen Blick auf die Natur in ihrer ältesten und ursprünglichsten Form zu werfen und zu würdigen, welch gewaltige Reise die Welle durch das Universum zurückgelegt hat, um uns exakt in diesem Augenblick von Raum und Zeit zu erreichen. Ihre Reise endet nicht bei uns – obwohl wir, wenn es uns gelingt, ihre Botschaft zu entschlüsseln, einige der größten Geheimnisse des Universums lüften könnten. Sie wird ihre Reise fortsetzen, durch Raum und Zeit fallen, während unser eigenes Fallen unseren Bahnen und unserem Leben folgt. Unser Verständnis mag unvollständig sein, aber das heißt nicht, dass wir in unserem Streben nach Erkenntnis erlahmen. Um die Fülle von Rätseln, die das Universum noch bereithält, wirklich zu begreifen, müssen wir uns anschnallen und uns ganz dem Fallen überlassen.

KAPITEL 4

Unser eigenes Scheitern vorhersagen

Am 12. April 1961 gelangte Juri Gagarin als erster Mensch in den Weltraum und leitete damit ein neues Zeitalter für die Menschheit ein. Unter 154 Piloten wurde der sowjetische Kosmonaut nicht nur wegen seiner Fähigkeiten, Persönlichkeit, Fitness und Gesundheit ausgewählt, sondern auch wegen seiner Größe von 1,57 Metern (bei der damaligen Größenbegrenzung von 1,70 Metern hätten mich die Auswahlkriterien von Anfang ausgeschlossen). Nach einem Training von etwas mehr als einem Jahr rief Gagarin seine berühmten Abschiedsworte – »Auf geht's! Auf Wiedersehen, bis bald, liebe Freunde« –, bevor er für die sagenhafte Zeit von 1 Stunde und 48 Minuten ins All geschossen wurde. Ihm folgte einen Monat später, am 5. Mai, der amerikanische Astronaut Alan Shepard. Der Start von Shepard, für den sich die NASA 1959 entschieden hatte, war ursprünglich für den April 1960 vorgesehen. Hätte es nicht eine Reihe von Vertagungen gegeben, wäre er der erste Mensch – statt »nur« der erste Amerikaner – im Weltraum gewesen.

Seit den 1960er Jahren vollzieht sich die weltweite Erforschung des Alls – wie die unseres Universums – in immer rascherem

Tempo. Die 1975 gegründete Europäische Weltraumorganisation (ESA) wählte ihre ersten Astronauten 1978 aus. Zu dieser Zeit waren die Orbitalstationen schon in der zweiten Generation. Sowjetische Kosmonauten und amerikanische Astronauten lebten mehrere Monate gemeinsam an Bord der Stationen, führten wissenschaftliche Experimente durch und schufen die Grundlagen für die spätere Erforschung des Weltraums. Drei Astronauten wurden 1978 bei der ersten Auswahlrunde der ESA angenommen: Ulf Merbold aus Deutschland, Wubbo Ockels aus den Niederlanden und der Schweizer Astrophysiker Claude Nicollier. Fünf Jahre später war Merbold der erste ESA-Astronaut (und der zweite Europäer) im Orbit sowie der erste Nutzlastspezialist, der in Spacelab-1, dem ersten Weltraumlabor, arbeitete. 1985 wurde Ockels der zweite ESA-Astronaut im Orbit. Ockels, der in Physik promoviert hat, führte umfangreiche wissenschaftliche Experimente im All durch, von der Biologie bis zur Materialforschung.

Nicht zuletzt bleibt Nicollier zu erwähnen. Obwohl er erst 1992 zu seinem ersten Weltraumflug kam, sind seine Beiträge zur Weltraumforschung und den Naturwissenschaften im Allgemeinen spektakulär. Tatsächlich habe ich als Kind all meinen Mut zusammengenommen und meinem vergötterten Helden in einem Brief mitgeteilt, dass ich Astronautin werden wolle. Zu meinem Erstaunen nahm er sich die Zeit, einer unbedeutenden Zehnjährigen, die auf der anderen Seite des Planeten lebte, zu antworten. Sein Brief war von so viel Menschlichkeit und Empathie erfüllt, dass er mich auch nach Jahrzehnten immer noch tief berührt.

1993 nahm Nicollier an der STS-61-Mission zur Wartung des Hubble-Weltraumteleskops teil. Das Hubble-Weltraumteleskop war drei Jahre zuvor gestartet worden, doch als es im All war, bemerkten die zuständigen Wissenschaftler, dass sein Spiegel fehlerhaft war. Er wies eine sogenannte sphärische Aberration auf (dadurch war das Teleskop gewissermaßen etwas kurzsichtig), was zur Folge hatte, dass die Bilder, die von diesem bahnbrechenden Teleskop aufgenommen wurden, unscharf waren. Der ersten Wartungsmission (STS-61) gelang es, den Fehler des Spiegels mit einer Art Brille zu beheben, die die gleiche Wirkung hatte wie die Korrekturgläser, die viele von uns tragen. Doch anders als die Routinebesuche beim Augenoptiker war die STS-61-Mission eine der schwierigsten und kompliziertesten, die die NASA bis heute ausgeführt hat. Nach ihrer Beendigung wurde sie zu einem vollständigen Erfolg erklärt; seither sieht das Hubble-Weltraumteleskop scharf und erschließt uns immer neue Tiefen des Universums.

Bis zur Inbetriebnahme des James-Webb-Weltraumteleskops lieferte Hubble die spektakulärsten hochauflösenden Bilder von astrophysikalischen Objekten, die Menschen jemals gesehen hatten. Noch heute, dreißig Jahre später, ermöglichen uns die Bilder des Hubble-Teleskops von Cepheiden (pulsierenden Sternen) und Supernovae (Sternenexplosionen) ferner Galaxien eine immer genauere Vorstellung von Ursprung, Alter und Entwicklung des Universums. Keine dieser Erkenntnisse wäre möglich ohne die Mission der unglaublich kühnen Astronauten – unter ihnen Claude Nicollier von der ESA.

1992 begann die ESA ihre zweite Astronauten-Auswahlrunde. Mehr als 22 000 Bewerbungen gingen ein, neunundfünfzig wurden der ESA von den Mitgliedsländern vorgeschlagen. Schließlich wählte man sechs Astronauten aus, darunter, mit Marianne Merchez aus Belgien, die erste Astronautin. Leider trat Merchez einige Jahre später zurück; erst 2001 flog Claudie Haigneré aus Frankreich als erste ESA-Astronautin ins All. Als erste Europäerin ins All zu fliegen war allerdings schon zehn Jahre zuvor der britischen Astronautin und Chemikerin Helen Sharman mit einem sowjetischen Team gelungen.

Nach Jahren der Vorbereitung begann mein eigener Aufbruch zu den Sternen am 10. April 2008, als die ESA ihre lang erwartete dritte Auswahl-Runde begann. Da zu diesen Runden etwa alle fünfzehn Jahre aufgerufen wurde, war es wenig wahrscheinlich, dass ich eine zweite Chance bekommen würde. Natürlich galt das Gleiche für eine ganze Generation ungeduldiger Wissenschaftler und Piloten, die seit Jahren auf dieses Ereignis warteten. Sobald der Auswahlprozess angekündigt war, wurden offiziell deutlich mehr als zehntausend Bewerbungen registriert.

In der ersten Phase des Prozesses war neben meinem Abschluss in Naturwissenschaften, meinem Pilotenschein und einem ärztlichen Attest ein Brief entscheidend, in dem ich die Gründe darlegen sollte, warum ich Astronautin werden wollte. Mein Wunsch, ins All zu gelangen, war der alles bestimmende Antrieb, trotzdem brauchte ich Wochen, um die Worte zu finden, die meine Motivation zum Ausdruck brachten – und deutlich zu machen, wie ich als eine von der Gravitation besessene Physikerin zur Zukunft der Raumforschung beitragen könne. Von den registrierten Bewerbern überstanden nur 8413 Kandidaten diese erste Auswahlphase. Ich war dem All einen kleinen Schritt näher gekommen, hatte aber noch viele Riesensprünge vor mir.

Unter den 8413 Bewerbern wurden 918 ausgewählt und zur ersten Runde der psychologischen Tests eingeladen. In diesem Stadium waren die Träume von mehr als 90 Prozent der registrierten Bewerber bereits geplatzt, doch für mich begannen die Herausforderungen erst. Ich war gerade in Stockholm eingetroffen, um eine Vorlesung über das Problem der kosmologischen Konstanten zu halten. Doktoranden aus ganz Europa, der Volksrepublik China, den Vereinigen Staaten und dem Iran waren angereist, um an der Sommerschule teilzunehmen, aber ich musste mich höflich entschuldigen, da ich für die Tests einen raschen Tagesausflug nach Hamburg unternahm. Als ich in der Nacht vor dem Interview dort eintraf, saß ich an einem der Tische auf der Außenterrasse und hörte eine vertraute Stimme. Nachdem ich gerade aus Kanada nach Schweden und von dort nach Hamburg geflogen war, dachte ich, mir spiele der Jetlag einen Streich. Doch stellen Sie sich meine Überraschung vor, als ich bemerkte, wer da ganz in meiner Nähe saß: Frederica, eine Freundin, die ich seit acht Jahren nicht mehr gesehen hatte. Frederica und ich waren im Jahr 2000 während eines Praktikums am Jet Propulsion Laboratory der NASA Zimmergenossinnen am California Institute of Technology gewesen. So war es vielleicht keine allzu große Überraschung, dass sich unsere Wege wieder kreuzten, da wir beide an unserer Leidenschaft für den Weltraum unvermindert festgehalten hatten.

Der folgende Tag war kein Spaziergang. Jeder Bewerber in unserer Gruppe wurde vor einen Computer gesetzt und musste eine Reihe von Testaufgaben lösen, unter anderem Logikrätsel, Prüfung der Englischkenntnisse, naturwissenschaftliche Quizfragen und Verhaltenstests, um nur einige wenige zu nennen. Als Stress und Erschöpfung im Laufe des Tages zunahmen, wurde die Atmosphäre überraschenderweise entspannter und freundlicher. Während wir uns in diesem stickigen Computerraum durch die Aufgaben kämpften, wurde uns klar, dass wir alle im selben Boot saßen. Vielleicht war das auch die Absicht der ESA. Am Ende des Tages waren wir zu einer verschworenen Gemeinschaft zusammengewachsen. Während der folgenden nervenaufreibenden Monate blieben viele von uns in Verbindung.

Eines Morgens, einige Wochen nach der Prüfung, regnete es

Absagen. Frederica hatte es nicht in die nächste Phase geschafft. Ebenso wie vierzig andere Mitglieder unserer Gruppe. Nervös sah ich jeden Morgen meinen Posteingang durch und hoffte, keine Nachrichten seien gute Nachrichten. Am Ende stellte sich heraus, dass es 192 Kandidaten des ersten psychologischen Testdurchgangs geschafft hatten. Zu meiner großen Überraschung gehörte ich zu den 2 % der Bewerber, die nach Köln eingeladen wurden, wo ein zweiter Beurteilungsprozess auf uns wartete, der unter anderem teambasierte Stresstests und Interviews mit ESA-Mitgliedern und Astronauten umfasste.

Am 13. Oktober 2008 meldete ich mich zusammen mit fünf anderen Kandidaten, alles Männer, im Europäischen Astronautenzentrum in Köln. An diesem Tag reihte sich ein persönliches Highlight an das andere, unter anderem ein Treffen mit dem Astronauten Gerhard Thiele und ein Rundgang durch die Trainingseinrichtungen für Astronauten. Der Teil des Rundgangs, der mir besonders im Gedächtnis geblieben ist, war die *Neutral Buoyancy Facility*, ein zehn Meter tiefes Tauchbecken, das dazu dient, Astronauten mit dem Gefühl der Schwerelosigkeit vertraut zu machen. Als ausgewiesene Tauchlehrerin war mir das Gefühl nicht fremd, und ich dachte mir, wie es wohl sein würde, in dieses phantastische, von Glas umschlossene Becken zu tauchen und an der Ausrüstung von Raummissionen zu arbeiten. Irgendwie stählte diese Vorstellung meine Nerven für den Tag, der vor uns lag.

Und was für ein Tag war das! Wir wurden einer Testbatterie unterzogen, die vorwiegend den Zweck hatte, unsere teambasierten Fähigkeiten in Stresssituationen zu bewerten. Für uns sechs begann der Tag damit, dass wir auf eine fiktive Rettungsexpedition in den Dschungel geschickt wurden – man forderte uns auf, die gefährliche Mission in dem Wissen zu planen, dass die Ressourcen begrenzt waren. Die Nacht brach an, und einige von uns würden vielleicht nicht zurückkommen, wenn wir unvorsichtig waren. Während unseres Brainstormings machten sich die Mitglieder des ESA-Teams, darunter verschiedene Psychologen sowie ehemalige und aktive Astronauten, ausführliche Notizen über jeden Aspekt unserer Vorgehensweise. Ob unsere imaginäre Rettungsaktion Erfolg hatte, war vermutlich unwichtig, was zählte, war, wie wir als Team zusammenarbeiteten. Nach dem Dschungel-Abenteuer wurden wir in Paare fiktiver Fluglotsen aufgeteilt, die die Aufgabe hatten, in einem überfüllten Flughafen mehrere Flugzeuge, denen der Treibstoff ausging, zur Landung einzuweisen. Der Haken war, dass jeder von uns nur zur Hälfte der Informationen Zugang hatte, daher mussten wir uns mit dem Partner sehr genau verständigen und exzellent zusammenarbeiten, um die Aufgabe zu bewältigen. Als ich auf unseren Auftritt wartete, kam ein Team aus dem Raum gestürmt, beide Bewerber sichtlich zornig darüber, wie der andere mit der Situation umgegangen war. Damit war endgültig klar, dass mein Partner und ich es entweder zusammen schafften oder gar nicht.

In diesem zweiten Durchgang sollten rund achtzig Kandidaten ausgewählt werden, aber als die Ergebnisse bekannt gegeben wurden, stellte sich heraus, dass es nur zweiundvierzig geschafft hatten – mein Fluglotsen-Partner und ich darunter. Keinem der anderen aus meiner Gruppe war das gelungen. In dieser Phase waren mehr als 99,5 % der registrierten Bewerber abgelehnt worden. Ich musste nur noch ein bisschen länger durchhalten.

Anfang Januar 2009 entfloh ich dem strengen kanadischen Winter für ein Vorstellungsgespräch, in dem ich mich um ein Stipendium als Assistenzprofessorin in der Schweiz bewarb (Plan B für den Fall, dass sich meine Astronautenträume zerschlagen sollten). Einige Tage später, flog ich zum dritten Teil des Auswahlprozesses nach Toulouse: einem einwöchigen medizinischem Check. Außer mir waren dort noch sechs weitere Kandidaten (wieder alles Männer) aus Großbritannien, Schweden, Deutschland, Finnland und der Schweiz. Schon bald nannten wir uns die »7 Orbiter«. Die eingehende medizinische Untersuchung war an Gründlichkeit nicht zu übertreffen. Ich ließ alles über mich ergehen – Durchleuchtung, CT-Scans, Ultraschall, Spritzen und sogar eine Darmspiegelung. Nichts entging ihrer Aufmerksamkeit, weder Blut noch Knochen, Augen, Lungen, Herz, Gehirn und restliche Organe. Wenn irgendetwas in meinem Körper im Mindesten zu wünschen übrig ließ, sie mussten es finden.

Am Ende der Woche hatte ich eine Nachbesprechung mit dem verantwortlichen Arzt. Meine Ergebnisse seien ausgezeichnet, sagte er, er warte nur noch auf die Resultate des Tuberkolose-Tests. Ich lachte ihm ins Gesicht, denn ich war mir sicher, dass ich nichts mehr zu befürchten hatte. Wenn ich Tb gehabt hätte, musste ich das wissen, geht sie doch mit schweren Hustenanfällen einher. Außerdem war ich als Kind geimpft und später mehrfach getestet worden, immer mit negativem Ergebnis.

Es stellte sich heraus, dass der Scherz auf meine Kosten ging. Der neuere und genauere Tb-Test QuantiFERON war erst kurz zuvor eingeführt worden. Vor dem Boarding des Flugs, der mich nach Kanada zurückbringen sollte, wollte ich mein Handy ausschalten, als ich die Nachricht mit dem Ergebnis las: Ich war positiv für eine latente Tuberkulose, ein kleines Souvenir von meinem Aufenthalt auf Madagaskar, das ich offenbar unwissentlich mit mir herumgeschleppt hatte. In dem Augenblick, als ich das Flugzeug betrat, wusste ich, dass mein Astronautentraum ausgeträumt war.

Hätte ich auch dann trainiert und mich all diesen Tests unterzogen, wenn ich von Anfang an gewusst hätte, dass ich scheitern würde? Ich würde das gerne glauben. Zu den Sternen zu wollen ist für die meisten Menschen ein von vornherein zum Untergang verurteilter Traum, doch ich habe noch nie jemanden getroffen, der den Versuch bedauert hätte. Das Hochgefühl, eine der letzten zweiundvierzig Kandidatinnen und Kandidaten zu sein, ist eine Erfahrung, die ich für kein Geld der Welt missen möchte. Noch wichtiger, ich hätte nie meinen Tauchlehrer- oder Pilotenschein gemacht, also nie gelernt, auf eine intime Weise mit der Gravitation zu tanzen, eine Erfahrung, die nicht vielen Menschen vergönnt ist. Vor allem gehört die Erfahrung des Scheiterns untrennbar zur menschlichen Existenz, eine Erfahrung, die mich stärker auf das Leben in der naturwissenschaftlichen Forschung vorbereitet hat, wo Scheitern zum Alltag gehört.

Trotz aller Erfolge der allgemeinen Relativitätstheorie ist ihre vielleicht charakteristischste Eigenschaft der Umstand, dass sie ihr eigenes Versagen prophezeit. Das ist das eleganteste Merkmal, das eine Theorie überhaupt besitzen kann und das uns veranlasst hat, heute ganz anders über die Naturgesetze zu denken. Vor der allgemeinen Relativitätstheorie dienten die Naturgesetze in der Regel dazu, die Welt, die uns umgibt, zu beschreiben, ohne dass man genau angab, wann diese Gesetze nicht mehr in der Lage waren, eine angemessene Beschreibung zu liefern. Beispielsweise glaubte man, aus Newtons Gravitationsgesetze könne man trotz ihrer allbekannten Probleme die korrekte Beschreibung der Gravitationskraft in jeder Situation ableiten. Den tief in dieser Überzeugung verhafteten Forschern blieb bei der Erkenntnis, dass der

Planet Merkur – auch unter Berücksichtigung der Anziehungskraft aller bekannten Planeten und sonstigen Objekten im Sonnensystem – nicht genau der Bahn folgte, die Newtons Gesetze voraussagten, als einzige logische Schlussfolgerung die Annahme, es existiere ein neuer, noch unentdeckter Planet.

Die Abweichungen von Newtons Vorhersagen sind winzig – in der Größenordnung von 0,000008 % –, zehnmal geringer als die Auswirkungen, die die anderen bekannten Planeten im Sonnensystem auf Merkurs Bahn haben. 1859 konnte der französische Astronom und Mathematiker Urbain Le Verrier die Abweichungen erklären, indem er die Existenz von Vulkan vorhersagte, einem kleinen Planeten, dessen Masse und Position er mit erstaunlicher Genauigkeit vorhersagte. Tatsächlich behauptete der Arzt Edmond Modeste Lescarbault, ein leidenschaftlicher Amateurastronom, am 26. März 1859, er habe einen dunklen Fleck vor der Sonne vorbeiziehen sehen, der genau Le Verriers Vorhersagen entspreche und die Existenz eines neuen Planeten beweise. Er blieb bis zum Ende seiner Tage bei seiner Überzeugung und versuchte bis zum Schluss, den Rest der wissenschaftlichen Gemeinschaft von Vulkans Existenz zu überzeugen. Schließlich war dies die einzige Möglichkeit, die unstrittigen Beobachtungen mit Newtons Gravitationstheorie in Einklang zu bringen.

Es vergingen noch fünfundsechzig Jahre, bis die Forscher dank Einsteins allgemeiner Relativitätstheorie akzeptierten, dass Merkurs Bewegung nicht durch einen neuen Planeten oder durch eine Masse oder Materie anderer Art zu erklären war, sondern durch die Gravitation selbst. Mit anderen Worten, Newtons Gravitationstheorie war, obwohl sie eine brillante und genaue Beschreibung aller zuvor bekannter Systeme liefert, eindeutig gescheitert.

Als Newton 1687 seine Gravitationsgesetze formulierte, war in keiner Weise vorherzusehen, dass zwei Jahrhunderte später durch neue Himmelsbeobachtungen kleine Korrekturen erforderlich würden, damit die Theorie ihre Gültigkeit behielt. Newtons Gesetze galten als endgültige Beschreibung der Gravitation, bis sie sich mit der Realität einfach nicht mehr vereinbaren ließen. Die allgemeine Relativitätstheorie dagegen sorgte von Anfang an für realistische Erwartungen. Der Umstand, dass es ihr am Ende nicht gelingen wird, die Realitätsstruktur zu beschreiben, galt von Anfang an als sicher. Die Frage, die die meisten theoretischen Physiker heute umtreibt, lautet nicht *ob* und *warum* die allgemeine Relativitätstheorie scheitert, sondern *was* als Nächstes kommt.

Singularitäten

Aus der Newton'schen Gravitationstheorie wissen wir bereits, dass die Gravitationsanziehung zunimmt, wenn wir uns einem massereichen Objekt nähern, und abnimmt, wenn wir uns von ihm entfernen. Nach Newtons Gravitationsgesetz (vgl. Kapitel 1) verringert sich die Gravitationsanziehung, die sie aufeinander ausüben, mit dem Quadrat ihres Abstands. Das ist der Grund, warum wir unsere Tage nicht in der Sorge verbringen, von Sagittarius A* verschlungen zu werden, dem riesigen Schwarzen Loch im Zentrum der Milchstraße. Es gibt keinen Zweifel an der Überfülle von Beobachtungsbelegen für seine Existenz. Trotzdem brauchen wir uns deshalb keine großen Sorgen zu machen. Glücklicherweise – oder vielleicht unglücklicherweise – haben wir hier auf der Erde dringendere Probleme, doch sollten wir uns jemals in der Nähe eines astrophysikalischen Schwarzen Lochs befinden, würden sich unsere Prioritäten vielleicht ein wenig verändern.

Nehmen wir Newtons Gravitationsgesetz an der anderen Grenze beim Wort, dort, wo die Objekte sehr nahe zusammenrücken, gelangen wir zu dem Schluss, dass die sie verbindende Gravitationskraft unendlich wird, wenn der Abstand zwischen ihnen gänzlich schwindet. Das bezeichnen wir als *Singularität.*[20] Der Begriff des Unendlichen ist mit einem gewissen Unbehagen, ja Schwindelgefühl verbunden – seit Jahrhunderten fällt es den Menschen schwer, mit diesem Begriff Frieden zu schließen. Und bei den Singularitäten hat die Natur das gleiche Problem. Zum Glück brauchen wir die unendliche Kraft, die auftritt, wenn der Abstand zwischen zwei Objekten verschwindet, nicht allzu ernst zu nehmen. Wie wir alle wissen, ist es schlicht unmöglich, eine Masse an einem einzelnen Punkt zu lokalisieren, denn jedes Objekt, das Masse hat, besitzt auch eine gewisse Ausdehnung. Wenn man zwei Kugeln immer näher zusammenführt, werden sie sich schließlich berühren und können einander nicht weiter angenähert werden. In der Newton'schen Gravitation kann es, sobald die Ausdehnung eines Objekts berücksichtigt wird, keine echte Singularität geben. Genau hier weichen die von der allgemeinen Relativitätstheorie vorhergesagten Schwarzen Löcher von der Newton'schen Gravitationstheorie ab.

Die Gesetze der allgemeinen Relativitätstheorie werden von den in Kapitel 3 erwähnten Einstein'schen Gleichungen bestimmt. Einfach gesagt, teilen uns diese Gleichungen mit, wie die Materie

20 Hier und im Folgenden bezeichnet »Singularität« einen Punkt in der Raumzeit, an dem eine Größe, die sich messen, fühlen oder beobachten lässt, unendlich wird.

die Raumzeit krümmt und wie diese Raumzeitkrümmung auf alles einwirkt, was sich in ihr befindet. Wie oben erörtert, ist es unmöglich, diese Gleichungen exakt zu lösen. Stattdessen verlässt man sich in der Regel auf Vereinfachungen, die zu Näherungslösungen führen. Diese Näherungen gewähren einen hinreichenden Einblick, ohne wirklich richtig oder genau zu sein. Tatsächlich gibt es nur eine Handvoll Situationen, in denen wir Zugang zu exakten Lösungen für Einsteins Gleichungen der allgemeinen Relativitätstheorie haben. Schwarze Löcher gehören zu ihnen: Sie beschreiben Körper, in denen sich die Gravitation gegenüber allen anderen Kräften durchsetzt und eine Anziehungskraft entwickelt, die so stark ist, dass noch nicht einmal das Licht ihr entkommen kann. Wenn wir die allgemeine Relativitätstheorie auf allen Größenskalen ernst nehmen, wären Schwarze Löcher exakte Lösungen der Einstein-Gleichungen, ohne dass irgendeine Näherung erforderlich wäre.

In der Regel stellen wir uns vor, dass die gekrümmte Raumzeit von irgendetwas gekrümmt wird – beispielsweise einem Stern, einem Planeten oder auch einem Staubkorn. In der Trampolin-Analogie, die wir in Kapitel 2 erörtert haben, war die auf das Trampolin gelegte Kugel für die Verformung der Oberfläche verantwortlich. An Schwarzen Löchern ist das Besondere, dass ihre Existenz nicht auf die Anwesenheit von *irgendetwas* angewiesen ist; diese exakten Lösungen sind »Vakuum-Lösungen«. Da nichts vorhanden ist, kann auch nichts irgendetwas »aufhalten«, bis es das Zentrum des Schwarzen Lochs erreicht. Nichts kann uns daran hindern, ins Zentrum zu fallen und einen Punkt zu erreichen, an dem die Krümmung der Raumzeit unendlich ist. Mit anderen Worten, wenn wir die allgemeine Relativitätstheorie als vollständige Beschreibung des Universums ernst nehmen, sind Singularitäten ein Teil unserer Realität.

Diese Situation erschien vielen so absurd, dass die allgemeine Relativitätstheorie noch lange Jahre nach ihrer Entwicklung nur von wenigen Menschen ernst genommen wurde. 1939 veröffentlichte Einstein in den *Annals of Mathematics* eine Arbeit, in der er die Auffassung vertrat, dass es die »Schwarzschild-Singularitäten« (ein altmodischer Begriff für das, was wir heute Schwarze-Loch-Lösungen nennen) »in der physikalischen Realität nicht gibt« [9]. Doch in den 1960er Jahren bewiesen Roger Penrose und Stephen Hawking in einer Reihe bemerkenswerter Aufsätze mehrere Theoreme, die zu dem Schluss führten, dass Schwarze Löcher und sogar ihre Singularitäten eine unvermeidliche Vorhersage der allgemeinen Relativitätstheorie seien [10–13]. Seither gelten Schwarze-Loch-Lösungen als das unvermeidliche Ende des Gravitationskollapses eines Sterns (und möglicherweise auch unseres Universums).

Um es zusammenzufassen: einerseits sind Schwarze Löcher mit Singularitäten in ihren Zentren in der Relativitätstheorie unvermeidlich; andererseits macht es die Existenz von Singularitäten unmöglich, unser Universum an diesen Punkten zu beschreiben. Wie können wir also das Raumzeitgefüge verstehen, wenn die Krümmung – dieser Faden, der die verschiedenen Punkte verbindet – über seine Reißfestigkeit hinaus beansprucht wird? Die Existenz von Singularitäten im Inneren Schwarzer Löcher wäre so vernichtend für unsere Realität, dass nur eine einzige logische Erklärung bleibt: Die allgemeine Relativitätstheorie kann nicht vollkommen richtig sein. Wenn wir uns dem Zentrum des Schwarzen Lochs nähern, verliert, noch bevor wir die Singularität erreichen, die allgemeine Relativitätstheorie ihre Geltung – sie hört auf, eine angemessene Beschreibung der Realität zu liefern. Eine bessere Beschreibung der Gravitation muss an ihre Stelle treten. Penroses und Hawkings Singularitätstheoreme führten zu einer unausweichlichen Schlussfolgerung: Wenn Singularitäten eine Vorhersage der allgemeinen Relativitätstheorie sind, wir aber an diesen Singularitäten das Raumzeitgefüge nicht mehr verstehen können, dann lässt uns die allgemeine Relativitätstheorie dort im Stich. Die allgemeine Relativitätstheorie sagt ihr eigenes Scheitern voraus.

Verbinden wir die allgemeine Relativitätstheorie mit den Gesetzen der Quantenmechanik, können wir noch genauer sein. Wir wissen, dass man der allgemeinen Relativitätstheorie nicht trauen kann, wenn die Krümmungsskala sich der Planck-Skala annähert – oder vielleicht sogar etwas davor. Dann nämlich kommen sogenannte Quantenkorrekturen ins Spiel und hebeln dabei die Vorhersagen der Relativitätstheorie aus. Um zu begreifen, warum das geschieht, müssen wir uns zunächst mit der entscheidenden Rolle befassen, die die Planck-Energie-Skala für die Beschreibung des Realitätsgefüges spielt.

Die Bedeutung der Planck-Skala

1687 musste Newton in sein universelles Gravitationsgesetz eine Konstante G_N aufnehmen, um die Stärke der Gravitationskraft zu bestimmen, die massereiche Objekte aufeinander ausüben. Diese Gravitationskonstante, man könnte auch sagen Gravitations-Kopplungskonstante, lässt sich nicht aus den ersten Prinzipien ableiten, sondern muss empirisch bestimmt werden. Sie beträgt ungefähr $6{,}67 \times 10^{-11}\ m^3\ kg^{-1}\ s^{-2}$. Übersetzen wir diesen mathematischen Jargon in eine verständlichere Sprache: Wenn zwei Astronauten mit einem Abstand von 1 m im Weltraum schweben, weit entfernt von allen anderen Objekten, legt die Gravitations-Kopplungskonstante fest, dass die Gravitation sie mit rund 10^{-8} m/s^2 aufeinander zubeschleunigt. Würden sie im Ruhezustand beginnen, würden sie nach einigen Millisekunden mit der durchschnittlichen Geschwindigkeit einer Gartenschnecke aufeinander zudriften. So beschrieben, erscheint die Gravitation relativ harmlos. Doch wenn die beiden einander näher kommen, würde die Gravitationsanziehung stärker, und am Ende fielen sich die Astronauten in weniger als vier Stunden in die Arme. Auf der Erde kommen oft andere Effekte ins Spiel, aber mitten im leeren Raum können Sie immer sicher sein, dass die Gravitationsanziehung Sie zu dem nächsten massereichen Objekt zieht. Das Tempo, in dem das geschieht, wird von ebendieser Gravitations-Kopplungskonstanten bestimmt.

Einsteins Relativitätstheorie geht über Newtons Gravitation hinaus, bedient sich aber immer noch derselben Konstante. Nach der Relativitätstheorie würden unsere beiden Astronauten eine ähnliche Erfahrung machen, in demselben Tempo, das von derselben Konstante bestimmt wird. Doch in der allgemeinen Relativitätstheorie legt diese Konstante auch fest, in welchem Maße Materie, Energie und alles, was es sonst in unserem Universum gibt, die Struktur der Raumzeit krümmt und, umgekehrt, inwieweit diese Krümmung auf alles einwirkt, was sich auf ihr befindet.

Die allgemeine Relativitätstheorie ist zweifellos Einsteins bedeutendste Leistung. Die meisten Menschen dürften aber viel vertrauter mit seiner einfachen, aber höchst bedeutungsvollen Formel $E = mc^2$ sein. Einstein leitete die berühmte Gleichung ab, als er die spezielle Relativitätstheorie entwickelte. Nach dieser Gleichung hat ein Teilchen in Ruhe eine Energie, die zu seiner trägen Masse m und zum Quadrat der Lichtgeschwindigkeit c proportional ist.[21] Diese Formel zeigt uns, dass der Begriff der Masse unauflöslich mit dem der Energie verknüpft ist. Fast jede Einheit in der Physik lässt sich auf die eine oder andere Art in Energie umwandeln. Nehmen wir den Zeitbegriff: Wenn Sie 10 Minuten Zeit haben, um 100 Meter zu gehen, können Sie das in einem sehr bequemen Tempo machen, ohne sich am Ende müde zu fühlen, doch wenn Sie nur 20 Sekunden haben, werden Sie beim Erreichen der Ziellinie keuchen. Das Schrumpfen der Zeit entspricht einem Zuwachs an Energie.

Die Quantentheorie untermauert diese Verbindung. Aus ihr ergibt sich eine Dualität von Wellen und Teilchen, mit der ich mich in Kapitel 7 befassen werde. Diese Dualität drückt sich aus in einer Beziehung zwischen der Wellenlänge λ der Welle (der Abstand zwischen zwei benachbarten Wellenbergen) und dem Impuls p eines Teilchens. Nach der de-Broglie-Beziehung ist $p = h/\lambda$, wobei h die Planck-Konstante bezeichnet. Aus der Quantenperspektive betrachtet, ermöglicht uns die Planck-Konstante also, jeden Abstand in Impuls zu verwandeln und umgekehrt. Unter Zuhilfenahme der speziellen Relativitätstheorie in Form der Lichtgeschwindigkeit c können wir die Planck-Konstante dazu verwenden, Zeit in Energie umzuwandeln.

Egal, ob es sich um Masse, Zeit oder sogar den Abstand selbst handelt, alles lässt sich auf die Energieskala beziehen, indem man die beiden fundamentalen Naturkonstanten h und c verwendet.

---

21 Wenig beachtet und berücksichtigt wird dabei der Umstand, dass diese Formel nur für ein Teilchen in Ruhe gilt. Für ein bewegtes Teilchen müssen Geschwindigkeit und Impuls einbezogen werden, was zu einer komplizierteren Formel führt. Deshalb kann ein Photon, das keine Masse besitzt, trotzdem Energie tragen – es ist immer in Bewegung.

Planck selbst hatte es bereits 1899 erkannt und in dem Aufsatz erwähnt, in dem er seine Konstante einführte, einen Begriff, der sich als entscheidend für die Quantenphysik herausstellte. Durch Umwandlung der *Gravitations-Kopplungskonstante*, G_N, in Energieeinheiten, konnte er die Energieskala ableiten, die wir heute als *Planck-Skala*, M_{Pl}, bezeichnen. Die Planck-Skala entspricht ungefähr 100 kWh, in etwa der Energiemenge, die ein durchschnittlicher Haushalt in Großbritannien in zehn Tagen verbraucht. Heute wissen wir, dass die Planck-Skala die Energieskala ist, auf der die Effekte der Quantengravitation wirksam werden. Deshalb ist die Planck-Konstante so wichtig für ihre Definition.

Grundsätzlich können und sollten wir Gravitation als ein Quantenphänomen behandeln – genau wie das Licht (warum das so ist, werden wir ebenfalls in Kapitel 7 erfahren). Die Quantennatur der Gravitation unterhalb der Planck-Skala zu erklären ist relativ leicht, da die Quantenkorrekturen, die die Abweichungen der Quanteneffekte von denen der klassischen Physik beschreiben, klein sind und sich kontrollieren lassen. Bei niedrigen Energien, bei denen wir die allgemeine Relativitätstheorie für zuständig halten, scheint Gravitation ein klassisches Phänomen zu sein. Doch die Dinge verändern sich dramatisch, wenn wir Situationen betrachten, in denen die Raumzeitkrümmung anwächst und die Planck-Skala erreicht.[22] In diesen Fällen bekommen die Quantenkorrekturen mehr Gewicht als die klassischen Beiträge und lassen sich nicht mehr berechnen. Mit den Werkzeugen, die uns derzeit zur Verfügung stehen, lässt sich das exakte Ergebnis nicht bestim-

22 Zum Vergleich: Die Oberfläche einer Kugel hat einer Krümmung in der Größenordnung der Planck-Skala, wenn der Radius ungefähr 10^{-33} cm (die Planck-Länge) beträgt.

men, aber es gibt keinen Grund für die Annahme, es werde dem gleichen Muster folgen wie die klassischen Vorhersagen der allgemeinen Relativitätstheorie.

Einhundert kWh mögen Ihnen nicht sehr viel erscheinen, vor allem wenn Sie versuchen, ihr Haus mitten im Winter warm zu halten. Andererseits ist diese Skala ungeheuer riesig, vergleicht man sie mit den anderen Fundamentalkräften der Natur, die die physikalischen Gesetze bestimmen – der elektroschwachen und der starken Kraft, die von der Chemie bis zur inneren Struktur der Atome und ihrer Kerne alles erklären. Damit ist sie ungefähr zweiundzwanzig Größenordnungen größer als die Energie, die ein Elektron in Ruhe besitzt. Um ein solches Energieniveau auf die Größe eines Protons zu konzentrieren, bedürfte es eines Teilchenbeschleunigers, der fünfzehn Größenordnungen größer ist als die leistungsfähigste moderne Anlage, der Large Hadron Collider (LHC) der CERN (*Conseil Européen pour la Recherche Nucléaire* oder Europäische Organisation für Kernforschung). Bedenkt man, dass es Jahrzehnte dauert, um die Energieniveaus von Teilchenbeschleunigern um nur ein oder zwei Größenordnungen zu erhöhen und dass jede folgende Größenordnung exponentiell schwieriger zu erreichen ist, kann man sich ungefähr vorstellen, was erforderlich wäre, um Teilchenbeschleuniger zu bauen, die die Planck-Skala erreichen. Ich lehne mich nicht zu weit aus dem Fenster, wenn ich behaupte, dass es auf der Erde nie einen Teilchenbeschleuniger von der Größenordnung der Planck-Skala geben wird. Wenn doch, ließe sich mit den gegebenen Gesetzen der Physik nicht vorhersagen, was bei einem solchen Experiment herauskäme und ob die Erde es überhaupt überleben würde. Wir wissen nur, dass die gegenwärtigen Gesetze der Physik, mit denen wir die Realität beschreiben, nicht mehr gelten würden.

Theoretisch ist das nicht unähnlich dem, was geschieht, wenn wir uns in der Newton'schen Mechanik der Lichtgeschwindigkeit nähern. Bei hinreichend langsamen Geschwindigkeiten ist Newtons Mechanik absolut angemessen und trifft solide Vorhersagen, aber wenn wir auf Geschwindigkeiten nahe der des Lichts beschleunigen, versagt Newtons Theorie, und Korrekturen aus der speziellen Relativitätstheorie werden erforderlich. Allerdings ist uns bei der allgemeinen Relativitätstheorie eben von Anfang an klar – und darin liegt der entscheidende Unterschied –, dass sie scheitern wird, sobald wir eine Krümmung nahe der Planck-Skala erreichen, auch wenn wir keine Ahnung haben, was tatsächlich geschehen wird. Wir warten immer noch auf *die* Theorie von allem, die uns möglicherweise deutlicher zeigen kann, was an diesem Punkt geschieht. Doch die allgemeine Relativitätstheorie hat uns bereits mehr geliefert, als wir hoffen konnten: die Vorhersage, dass sie bei oder unterhalb der Planck-Skala versagen wird. Dadurch hat sie uns die Möglichkeit eröffnet, über die Grenzen unseres gegenwärtigen Verständnisses hinauszugehen.

Reise ins Innere eines Schwarzen Lochs

An der Erdoberfläche ist die Raumzeitkrümmung ungefähr fünfundvierzig Größenordnungen geringer als die Planck-Skala. Viel größer wird sie nirgends in unserem Sonnensystem, zumindest zum gegenwärtigen Zeitpunkt nicht. Doch weder der Erde noch der Sonne oder irgendeinem anderen Planeten im Sonnensystem wird ewige Dauer beschieden sein. Unser Sonnensystem wurde aus den Gas- und Staubresten geboren, die vor etwa 4,5 Milliarden

Jahren bei der Explosion eines Sterns, einer Supernova, ausgestoßen, und dann durch die Gravitationskraft zusammengezogen wurden – eine Gravitationskraft, die so stark war, dass sich das Gas im Inneren der Sonne von allein entzündete und den stellaren Brennprozess in Gang setzte. Wenn es Tag für Tag und Jahr für Jahr den Anschein hat, als bleibe unsere Sonne unverändert, so liegt das nur daran, dass der nach außen drängende Druck des Gases im Sonnenkern und die auf einen Kollaps drängende Gravitationskraft sich in einem nahezu vollkommenen Gleichgewicht befinden.

Doch in ungefähr fünf Milliarden Jahren wird die Zeit kommen, da der Sonne der Brennstoff ausgeht und sie sich in einen Roten Riesen verwandelt, der die Erde verschluckt. Nach ungefähr einer weiteren Jahrmilliarde wird der Druck des Gases nicht mehr ausreichen, um der starken Gravitationsanziehung in Richtung Zentrum entgegenzuwirken. Zu diesem Zeitpunkt wird die Sonne ihre äußeren Schichten abwerfen, die zu einem planetarischen Nebel werden und zur Geburt neuer Sternensysteme beitragen, während der Sonnenkern – nicht mehr in der Lage, der Gravitation Widerstand zu leisten – in sich zusammenstürzt. Wir sagen vorher, dass ein großer Teil der Sonnenmasse dann auf eine Region beschränkt sein wird, die nicht viel größer als die Erde ist. Von der Sonne wird ein Weißer Zwerg übrigbleiben, der dank der Restwärme schwach leuchtet. Ein Spektakel, das wir Menschen aller Voraussicht nach nicht erleben werden. Aus Sicht der allgemeinen Relativitätstheorie treten dabei keinerlei Probleme auf: Die Raumzeitkrümmung unserer zum Weißen Zwerg mutierten Sonne wird noch dreißig bis fünfunddreißig Größenordnungen von der Planck-Skala entfernt und damit sicher in einem Bereich bleiben, in dem wir uns ganz auf die Vorhersagen der Theorie verlassen können.

Nun ist unsere Sonne allerdings nicht besonders massereich, zumindest nicht verglichen mit anderen Sternen im Universum. Nehmen wir beispielsweise Orion. Sogar in London, wo ich gegenwärtig lebe und wo die Sterne nie sehr hell leuchten, gehört dieses Sternbild zu den wenigen, die sich deutlich abzeichnen. Rigel, sein hellster Stern, ist ein blauer Überriese mit ungefähr zwanzig Sonnenmassen. Gegenwärtig ist Rigels Krümmung noch sehr schwach, fast achtundvierzig Größenordnungen unter der Planck-Skala und weit innerhalb der Komfortzone der allgemeinen Relativitätstheorie. Die Gesetze der allgemeinen Relativitätstheorie sind an Raumzeiten mit so geringer Krümmung ausführlich getestet worden und stimmen vollkommen mit unseren empirischen Beobachtungen überein. Angesichts seiner großen Masse wird die Gravitationsanziehung bei Rigels Lebensende jedoch so stark werden, dass der größte Teil seiner verbleibenden Masse auf eine Region von noch nicht einmal 60 km Durchmesser konzentriert sein wird. An der Oberfläche dieses unglaublich kleinen und trotzdem unvorstellbar dichten Kerns wäre die Krümmung immer noch rund fünfunddreißig Größenordnungen von der Planck-Skala entfernt, sodass die Gesetze der allgemeinen Relativitätstheorie nach wie vor gültig wären. Allerdings ergibt sich aus ihnen eine interessante Voraussage: Die Gravitationsanziehung wird so stark, dass man bei einer Annäherung an Rigel immer größere Schwierigkeiten bekommt, sich wieder von ihm zu entfernen, bis man schließlich an einen Horizont kommt, eine Fläche, jenseits der es kein Zurück mehr gibt. Aus diesem Horizont kann nichts jemals entkommen, noch nicht einmal das Licht selbst. Wie die Strömung einen Schwimmer zum Rand des Wasserfalls zieht und schließlich so unwiderstehlich wird, dass er nicht verhindern kann, von der Strömung über den Rand getragen zu werden und hinabzustürzen, so ist die Gravitationsanziehung auf jener Fläche so stark, dass Sie niemals zurückkehren können. Aus Rigel – und jedem anderen Stern mit hinreichender Masse – wird an seinem Lebensende ein Schwarzes Loch geboren.

Die Vorstellung, das Universum sei voller Schwarzer Löcher – Regionen der Raumzeit, die so lichtundurchlässig sind, dass niemand jemals hineinsehen könnte, ohne in Stücke gerissen und geschluckt zu werden –, ist ziemlich unbehaglich. Daher ist es nicht überraschend, dass die wissenschaftliche Gemeinschaft einige Zeit brauchte, um sich an diese Idee zu gewöhnen. Inzwischen wird die Existenz Schwarzer Löcher nicht nur akzeptiert, sondern als unvermeidlich angesehen. Wie oben erwähnt, wurde das zuerst in den 1960er Jahren von Roger Penrose und Stephen Hawking erkannt, eine bahnbrechende Leistung, für die 2020 die Hälfte des Nobelpreises in Physik an Penrose verliehen wurde – »für die Entdeckung, dass die Bildung von Schwarzen Löchern eine robuste Vorhersage der Allgemeinen Relativitätstheorie ist«. (Traurigerweise war Hawking zwei Jahre zuvor verstorben.) Seit den 1990er Jahren können wir dank des W.-M.-Keck-Observatoriums auf Hawaii[23] und des Very Large Telescope der Europäischen Südsternwarte (ESO) in Chile beobachten, wie sich das supermassereiche Schwarze Loch im Zentrum der Milchstraße auf benachbarte Sterne auswirkt. Während der letzten drei Jahrzehnte haben das Keck-Teleskop und das VLT die Bewegungen der Sterne im Zentrum der Milchstraße verfolgt, wobei sich zeigte, dass sie alle um einen unsichtbaren Punkt kreisen, der so masse-

23 Das Keck-Observatorium wurde in den 1970er Jahren geplant und nahm 1996 endgültig seinen Betrieb auf. Es besitzt zwei Teleskope, deren Spiegel damals die größten der Welt waren.

reich und gleichzeitig so kompakt ist, dass er höchstwahrscheinlich ein Schwarzes Loch ist. Diese Entdeckung wurde mit der anderen Hälfte des Nobelpreises für Physik 2020 ausgezeichnet. Die Empfänger waren Andrea Ghez und Reinhard Genzel »für die Entdeckung eines supermassereichen, kompakten Objekts im Zentrum unserer Galaxie, der Milchstraße« (wodurch Ghez erst zur vierten Frau wurde, die den Nobelpreis für Physik in seiner 120-jährigen Geschichte erhielt).

In den letzten zehn Jahren wurde seine Existenz auf verschiedene Weisen bestätigt, unter anderem durch das erste »Bild« von Sagittarius A* im Zentrum der Milchstraße, auf dem glühendes Gas und abgelenktes Licht in der Umgebung einer dunklen Region im Zentrum unserer eigenen Galaxie zu erkennen sind. Infolge ihrer besonderen Beschaffenheit können Schwarze Löcher nicht fotografiert werden, zumindest nicht direkt, da kein Licht von ihrer Oberfläche entkommen kann. Trotzdem gelang dem Event Horizon Telescope (EHT, zu Deutsch das »Ereignishorizont-Teleskop«) das Unmögliche, indem es 2019 den Schatten des Objekts im Zentrum der Galaxie Messier 87 und 2022 den von Sagittarius A* einfing. Das EHT ist ein Verbund von acht Radioteleskopen, die, über den ganze Globus verteilt, zusammenarbeiten. Licht, das hinter dem jeweiligen Schwarzen Loch emittiert wurde, wurde dabei entweder um die Oberfläche des Objekts herumgebogen oder, wenn es sich zu nahe heranwagte, eingefangen. Das war das beste Bild, das sich überhaupt von einem Schwarzen Loch machen lässt – wieder in vollkommener Übereinstimmung mit den Vorhersagen der allgemeinen Relativitätstheorie in einem Bereich, den sie noch sicher unter Kontrolle hat.

Zusätzliche Evidenz lieferte 2015 (wie in Kapitel 3 erörtert) der erste direkte Nachweis von Gravitationswellen durch das Gravitationswellen-Observatorium LIGO, weil die entdeckte Wellenform genau derjenigen entsprach, die von der allgemeinen Relativitätstheorie für das Verschmelzen zweier Schwarzer Löcher vorhergesagt wird. Obwohl wir nicht genau wissen, wann die beiden Objekte ihren gemeinsamen Tanz begannen – es könnte vor Millionen oder sogar Milliarden Jahren gewesen sein –, kennen wir ihre Größe: Das Gravitationswellen-Signal, das sie in den letzten Millisekunden ihres Tanzes emittierten, trug die Signatur ihrer jeweiligen Massen (rund 30 und 35 Sonnenmassen). Die Masse des vereinigten Objekts betrug ungefähr 62 Sonnenmassen, während geschätzte 3 Sonnenmassen in Form von Gravitationswellen abgestrahlt wurden. Hinzu kommt, dass Amplitude und Frequenz des emittierten Signals vollkommen mit den Vorhersagen der Relativitätstheorie über die Verschmelzung von Schwarzen Löchern übereinstimmen.

Da wir nicht im Einzelnen auf die Ableitung eingehen, die Hawking und Penrose in ihrem schriftlichen Beweis für die Existenz Schwarzer Löcher durchführten, könnte ich verstehen, wenn Sie in Bezug auf Schwarze Löcher noch immer skeptisch wären. Wie wäre es deshalb mit einem persönlichen Besuch, um Sie am Ende doch noch von diesem unvorstellbaren Phänomen zu überzeugen. Doch bevor Sie den Flug buchen, sollten Sie unbedingt das Kleingedruckte in ihrer Versicherungspolice lesen: Sollten Sie tatsächlich kopfüber in das Schwarze Loch eintauchen, das Rigels Leben beendet, wäre die Raumzeitverzerrung so immens, dass Sie bei Annäherung an den Horizont des Lochs hundertmal langsamer altern würden als die Freunde und Verwandten, die Sie zurückgelassen haben. Aus deren Sicht hätte es den Anschein, als würden Sie gänzlich aufhören zu altern.

Der Sprung in ein Schwarzes Loch mag als ultimative Anti-

Aging-Kur erscheinen, doch er wartet mit einigen unangenehmen Nebenwirkungen auf. So ist die Zeitverzerrung mit einer unvermeidlichen Verformung des Raums verbunden, die Ihren Körper waagerecht zusammenquetschen und senkrecht strecken würde. Jung und dünn, was könnte es Schöneres geben? Nun, die senkrechte Streckung ist am Ende so stark, dass die elektroschwache Kraft, die die Teilchen in den Atomen Ihrer Zellen zusammenhält, dieser Aufgabe nicht mehr gewachsen wäre, sodass Ihr Körper auf der Ebene der fundamentalen Teilchen auseinandergerissen würde.

Während Ihrer ziemlich unangenehmen und letztlich tödlichen Expedition ins Innere des Schwarzen Lochs können Sie davon ausgehen, dass theoretische Physiker, mit den Gesetzen der allgemeinen Relativitätstheorie gerüstet, Ihr Schicksal durchaus berechnen könnten – auch jenseits des Horizontes beziehungsweise der Fläche ohne Wiederkehr. Bei einem Schwarzen Loch von der Masse der Sonne wäre die Krümmung an seinem Horizont noch immer fünfunddreißig Größenordnungen von der Planck-Skala entfernt – die Horizontdurchquerung ist nicht der Punkt, an dem die allgemeine Relativitätstheorie scheitert. Das wirkliche Drama beginnt erst, wenn Sie tief in das Innerste des Schwarzen Lochs eingedrungen sind. Es verschlingt Sie nicht einfach und zerrt Sie in die Länge, sondern es zieht Sie auch unwiderstehlich in sein Zentrum.[24] Doch während Sie zum Zentrum fal-

---

24 Diese Feststellung ist eine Vorhersage der allgemeinen Relativitätstheorie für Bedingungen, unter denen die Krümmung im Vergleich zur Planck-Skala sehr gering bleibt – gut dreißig bis vierzig Größenordnungen kleiner. Unter solchen Bedingungen ist die Theorie vielfach überprüft worden und hat sich als vertrauenswürdig erwiesen.

len, nimmt die Krümmung rasch zu und kommt schließlich der Planck-Skala unangenehm nahe.

Alle Begriffe der Physik, wie wir sie kennen, verlieren an diesem Punkt ihre Bedeutung. Wir wissen mit Bestimmtheit, dass die allgemeine Relativitätstheorie hier versagen wird. Wenn wir die Theorie beim Wort nehmen, gibt es im Zentrum des Schwarzen Lochs eine unendlich starke Krümmung, eine Singularität. Doch wie oben gezeigt, ist dieser Begriff ohne Bedeutung. Wie sich die Realität in dieser Region beschreiben ließe, wissen wir nicht wirklich und finden es vielleicht auch nie heraus. Doch das Eingeständnis, dass die allgemeine Relativitätstheorie in ihrem Kern scheitert, ist für uns der einzige Weg, der Wahrheit näher zu kommen.

Reise zum Anfang der Zeit

Schwarze Löcher faszinieren die Forscher fast so lange wie die allgemeine Relativitätstheorie selbst. Obwohl der deutsche Physiker Karl Schwarzschild während des Ersten Weltkriegs an der Ostfront diente, brauchte er nur siebenundzwanzig Tage, um nach der Veröffentlichung von Einsteins Gleichungen die ersten exakten Schwarze-Loch-Lösungen abzuleiten. Siebenundzwanzig Tage brauchte die allgemeine Relativitätstheorie also, bis eine Lösung auf den Plan trat, die unvermeidbar eine Singularität enthält und damit eine Region der Raumzeit, in der sich unser Realitätsbegriff auflöst. Doch das Scheitern der allgemeinen Relativitätstheorie zeigt sich im Universum nicht nur an Schwarzen Löchern. Um die Theorie an ihre Grenzen zu bringen, müssen wir nur in der Zeit zurückreisen.

Unser Universum ist rund 13,8 Milliarden Jahre alt – zumindest ist das die Zeit, die seit dem Urknall vergangen ist. Könnten wir uns in die frühen Tage unseres Universums begeben, würden wir eine Welt erleben, die viel heißer und dichter ist als unsere gegenwärtige Umgebung. Bis das Universum etwa 380 000 Jahre alt war, waren Protonen unfähig, Elektronen einzufangen und an sich zu binden. Deshalb konnten noch keine Atome entstehen. Das ganze Universum war eine dichte, glühend heiße Suppe (4000° Kelvin, rund 3700° Celsius) aus fundamentalen Teilchen, die ständig kollidierten und voneinander abprallten. Da sich keine Sterne bildeten, keine Strukturen und noch nicht einmal Atome, gab es nichts zu »sehen«. Damals war die Krümmung der Raumzeit ungefähr zwanzig Größenordnungen stärker als die, die wir heute im Sonnensystem erleben, aber immer noch weit unterhalb der Planck-Skala.

Wenn wir noch weiter zurückgehen, zu einem Zeitpunkt, der nur 10^{-12} Sekunden nach dem Urknall liegt, stoßen wir auf ein Universum, das so heiß und dicht war, dass es in ihm weder Elektronen noch das Licht selbst oder irgendwelche anderen, uns bekannten Fundamentalteilchen in ihrer heutigen Form gab. Die Raumzeitkrümmung lag nur einige wenige Größenordnungen unter der Planck-Skala, aber immer noch in dem sicheren Bereich, in dem wir den Vorhersagen der allgemeinen Relativitätstheorie vertrauen können. Weiter zurück, in der Zeit vor 10^{-12} Sekunden, war das Universum noch dichter, jenseits jeder Realität, die wir uns vorstellen können, aber trotzdem nach wie vor den Gesetzen der allgemeinen Relativitätstheorie unterworfen. Und wir können noch weiter in der Zeit zurückgehen, zu einem Zeitraum, in dem nach Meinung der Forscher die sogenannte kosmische Inflation stattgefunden hat. Gegenwärtige Beobachtungen lassen darauf schließen, dass rund 10^{-33} Sekunden nach dem Urknall, als die Krümmung noch unterhalb der Planck-Skala lag, das Universum einer plötzlichen Phase rascher Expansion unterworfen gewesen sein muss, in der sich seine Größe in einem Sekundenbruchteil um mindestens fünfzig Größenordnungen erhöht hat. In dieser Phase wuchsen die Quantenfluktuationen der Raumzeitkrümmung, obwohl ursprünglich kleiner als mikroskopisch, zu kosmischen Ausmaßen an und prägten die Materieverteilung, aus der sich später die Galaxienhaufen und die uns heute vertraute großräumige Struktur des Universums bildeten.

Weiter auf dem Weg in der Vergangenheit wächst die Krümmung der Raumzeit unaufhaltsam an, bis sie ungefähr 10^{-43} Sekunden nach dem Urknall die Planck-Skala erreicht, jene Skala, die alles bestimmt, was wir über Gravitation wissen. Genauso, wie die allgemeine Relativitätstheorie unaufhaltsam ihre Gültigkeit verliert, je näher man dem Zentrum eines Schwarzen Lochs kommt, genauso ergeht es ihr, wenn man bis zur Geburt des Universums zurückgeht. Das ist kein Zufall – wie Stephen Hawking und Roger Penrose in den 1960er Jahren nachwiesen, ist die kosmische Singularität am Ursprung unseres Universums in ganz ähnlicher Weise unvermeidlich wie die Singularität im Zentrum eines Schwarzen Lochs.

Halten wir einen Augenblick inne, um uns das alles zu vergegenwärtigen. Das Scheitern der allgemeinen Relativitätstheorie bei Annäherung an den Urknall ist mehr als eine mathematische Merkwürdigkeit auf einem Blatt Papier. Es ist eine existenzielle Herausforderung. Der Gedanke, dass es in einem frühen Universum die Fundamentalteilchen, aus denen wir bestehen, noch nicht gab – ist nicht angenehm, aber wir können uns mit ihm auseinandersetzen. Dass wir die Begriffe von Gravitation, Raum und selbst Zeit aufgeben müssen – wie es der Fall ist, wenn wir uns mit dem Urknall befassen –, ist für das Bemühen um das Verständnis unseres Ursprungs Herausforderung und Faszination zugleich. Die Erkenntnis, dass die allgemeine Relativitätstheorie für den Urknall nicht mehr zuständig ist, bedeutet, dass der Ursprung des Universums gegenwärtig – und vielleicht für immer – jenseits unseres Realitätsverständnisses liegt. Es geht nicht einfach darum, dass uns die nötigen Werkzeuge fehlen, um Klarheit über unseren Ursprung zu gewinnen, sondern wir verfügen nicht einmal über eine angemessene Sprache, um die Fragen zu stellen, die wir gerne stellen würden. Ohne Zeitbegriff ist die Frage, was *am* oder *vor* dem Urknall geschah, unsinnig. Nun könnte man dieses Versagen der allgemeinen Relativitätstheorie als eine ihrer größten Enttäuschungen betrachten, doch tatsächlich hat es uns die Möglichkeit verschafft, neue Schichten der Realität zu sehen.

Heute glauben die meisten Physiker – und besonders theoretische Physiker wie ich selbst – nicht mehr an eine absolute, unumstößliche Wahrheit, die das Realitätsgefüge beschreibt. Stattdessen gehen wir davon aus, dass Natur eine Überlagerung von Schichten ist, die wir nach und nach freilegen und so in immer größere Tiefen gelangen.

Je tiefer unser Verständnis wird, desto deutlicher erkennen wir die Grenzen unseres Wissens und desto besser können wir einschätzen, wie viel uns noch zu entdecken bleibt. Die allgemeine Relativitätstheorie hat uns ein fast vollkommenes Bild der Natur vermittelt, aber es ist eben nur ein Bild. Die Realität existiert jenseits des Bildes, und als Wissenschaftlerin bin ich gezwungen, neue Möglichkeiten zu finden, sie so genau und naturgetreu zu beschreiben wie möglich. Angesichts dieser Überlegungen stellt sich eine naive und doch nahe liegende Frage: Versagt die allgemeine Relativitätstheorie nur bei großen Krümmungen von der Größenordnung der Planck-Skala, oder erleidet sie dieses Schicksal auch bei kleinen, unvorstellbar winzigen Krümmungen? Diese einfache Frage hat letztlich zu Tausenden von Untersuchungen geführt und uns veranlasst, ganz anders über das Universum und die Gravitation selbst nachzudenken. Dies ist auch der Punkt, an dem ich, unmittelbar nach dem Scheitern meines Astronautenabenteuers, ernsthaft begann, mich mit der Frage der Gravitation auseinanderzusetzen. Doch um zu verstehen, wie und warum das geschah, müssen wir noch eine weitere Reise unternehmen, die uns durch die Vergangenheit und das endgültige Schicksal des Universums führt.

KAPITEL 5

Expansion ins Nichts

In den Monaten, die auf mein niederschmetterndes Tb-Testergebnis folgten, unterzog ich mich einer intensiven Antibiotika-Kur. Doch die Behandlung – eher eine Vorsichtsmaßnahme – konnte an der Diagnose einer latenten Tuberkulose nichts ändern, die würde für immer bleiben. Da half alles Kämpfen und Leugnen nicht. Ich musste mich mit der Tatsache abfinden, dass es mir nie vergönnt sein würde, im Raum zu schweben und auf dem Mond zu gehen, egal, wie ich mich schinden und mühen mochte.

Statt diesen Lebensabschnitt als das Ende meines Abenteuers mit der Gravitation zu betrachten, sah ich in ihm die Gelegenheit eines Neuanfangs. Zwar würde ich nie mit 3G beschleunigt werden, um anschließend die Schwerelosigkeit zu erfahren, doch meine enge Beziehung zur Gravitation wollte ich bewahren. Als Wissenschaftlerin konnte ich weiterhin mit ihr experimentieren und sie auf meine ganz eigene Weise aus der Reserve locken. Das hieß allerdings, sich noch viel schwierigeren Herausforderungen zu stellen: denen der akademischen Welt, in der sich die Hartnäckigkeit und Motivation, die mich in meinem Astronautentraum so weit gebracht hatten, als ziemlich nützlich erweisen sollten. Glücklicherweise musste ich diesen Herausforderungen nicht allein trotzen. Immer konnte ich mich auf das Gefühl der Zusammengehörigkeit mit anderen Forschern verlassen, so wie ich es während des Ausleseprozesses der ESA mit anderen Kandidaten getan habe.

Oft wird die theoretische Physik als ein Betätigungsfeld isolierter Genies beschrieben. Jeder müht sich einsam ab, bis er auf sein Aha-Erlebnis stößt. Wenn Sie unter »Physiker« suchen, erscheint unvermeidlich ein Bild von Einstein, allein und im Alter von achtundsechzig Jahren. Es kann keinen Zweifel an Einsteins unverwechselbarer Genialität geben, und er war in seinem siebten Lebensjahrzehnt weithin bekannt, aber es könnte hilfreich sein, dass wir uns das Offensichtliche ins Gedächtnis rufen: Obwohl unsere Gesellschaft sich entschlossen hat, ihn auf diese besondere Weise im Gedächtnis zu behalten, war Einstein weder alt noch allein, als er die Mehrheit seiner Entdeckungen machte. Gerade einmal sechsundzwanzig Jahre alt war er in dem berühmten »Wunderjahr«, in dem seine Kreativität so viel produzierte: die spezielle Relativitätstheorie, die Brown'sche Bewegung, die berühmte Äquivalenz zwischen Masse und Energie, die Arbeit, für die er den Nobelpreis bekommen sollte. Diese bahnbrechenden Entdeckungen wären nicht möglich gewesen ohne die Beiträge zahlreicher anderer brillanter Wissenschaftler wie James Clerk Maxwell, Max Planck, Ludwig Boltzmann, Heinrich Hertz, Hendrik Lorentz und zahlloser anderer. Um als theoretischer Physiker zu überleben, braucht man eine sehr schwierige und doch entscheidende Eigenschaft – die Fähigkeit zur Kooperation, in einer Gruppe zu funktionieren. Für einige meiner Kollegen sind ihr individuelles Talent und Wissen wahrscheinlich ausreichend, um sie vor dem Scheitern zu bewahren, doch das gilt sicherlich nicht für mich – und für die Mehrheit der Forscher.

Noch eine andere wichtige Eigenschaft müssen theoretische Physiker entwickeln: das nötige Beharrungsvermögen, um lange und häufig enttäuschende Phasen zu überstehen, bis sie in ihrer Forschung oder akademischen Laufbahn Fortschritte erzielen. Jedes Jahr gibt es weltweit an Hochschulen nur wenige Angebote für feste (nämlich unbefristete) Stellen im Bereich der theoretischen Hochenergiephysik. Um diese Stellen bewerben sich Hunderte von hochbegabten Kandidaten, von denen jeder in seinem Studium als bester abgeschnitten hat. Außerdem haben sie alle etliche Jahre erfolgreicher Arbeit als Postdoktoranden vorzuweisen. Eine dieser Stellen zu bekommen ist ein Triumph. Sich eine an einem bestimmten Ort auf dem Planeten zu sichern ist ein Kraftakt. Eine zu ergattern, die sich ideal mit den persönlichen und familiären Bedürfnissen vereinbaren lässt, bleibt meist ein unerfüllter Wunsch. Vor dieser Realität standen Andrew und ich, als wir versuchten, mit den schwierigen Verhältnissen der akademischen Welt zurechtzukommen. Andrew hatte bis dahin eine phantastische Laufbahn gehabt, was für mich leider nicht galt. Ich machte mir keine Illusionen über meine Aussichten, aber ich wusste, dass ich die größten Erfolgsaussichten hatte, wenn ich einen Schritt nach dem anderen machte, ohne mich von all den damit verbundenen Ängsten und Zweifeln entmutigen zu lassen.

Glücklicherweise hatte ich zu diesem Zeitpunkt ein beträchtliches Durchhaltevermögen entwickelt. Ob ich ständig zu Turnieren im Springreiten fuhr, nur um beim ersten Hindernis disqualifiziert zu werden, oder ob ich mich an jedem neuen Arbeitsplatz erst einmal beweisen musste, sodass ich wieder ganz am Fuß der Leiter anfing – das alles war nicht neu für mich. Als junge Erwachsene kehrte ich nach acht wundervollen Jahren auf Madagaskar in die Schweiz zurück, um Physik zu studieren. Die Übersiedlung sollte dieses Mal leichter sein, so dachte ich, da ich doch an einen Ort zurückkehrte, den ich kannte, um etwas zu tun, was ich liebte. Ironischerweise habe ich mich nie mehr als Außenseiterin gefühlt, als bei der Rückkehr in das Land, das als mein »Heimatland« galt. Das lag weniger daran, dass ich versuchte, den Kulturschock zu verarbeiten, oder das Verhältnis von Frauen zu Männern so ungleichgewichtig war (damals waren nur etwa 10 % der Studienanfänger in Physik Frauen, und danach nahm ihr Anteil so stark ab, dass es während meines Hauptstudiums keine einzige Frau unter den Professoren und Dozenten gab). Das Problem war vor allem die Erwartungshaltung, dass die Frauen häufiger versagen würden. Und tatsächlich schien der allgemeine Trend diese Erwartung zu bestätigen: Ich weiß noch, dass ich in meinem ersten Jahr die Hand hob, um die Frage eines der Professoren zu beantworten, und mit der Bemerkung abgewiesen wurde: »Sieh da, eine Frau, die glaubt, sie weiß die Antwort. Das kann ja nicht richtig sein.« Dann bat er einen meiner Kommilitonen zu antworten. Mit der in einen Scherz gekleideten Annahme, ich sei als Frau nicht für das Studienfach geeignet, stand mein Professor nicht allein. Vor einiger Zeit wurde ich zu einer Reihe von Vorlesungen über dunkle Energie eingeladen, die ich in einer Sommerschule in Italien vor Doktoranden halten sollte. Die Studenten waren überwältigend – ungeheuer interessiert und wissbegierig. Besonders an einen Studenten erinnere mich – er war so begeistert, dass er mir bei meinen Vorlesungen ständig Fragen stellte. Nach einer der Vorlesungen, setzten wir die Diskussion noch eine Zeit lang fort, bis wir uns eilig zum Mittagessen begeben mussten, bevor die Cafeteria schloss. Später sah ich ihn allein beim Abendessen sitzen; ich ging zu ihm und begrüßte ihn. Daraufhin blickte er mich verwirrt an, als überlege er, warum ich ihn beim Essen störte. Nach einem langen, etwas peinlichen Schweigen, fragte er mich, ob ich die Frau eines Physikers sei, der an der Sommerschule teilnehme. Er hatte mich nicht wiedererkannt. Zu dieser Zeit hatte ich mich längst daran gewöhnt, dass mir andere Menschen keine eingehenderen Kenntnisse in der Physik zutrauten, und begnügte mich damit, lachend zu antworten: »Nein, was weiß ich schon über Physik? Rein gar nichts«, und verwies darauf, dass es schließlich noch eine Menge zu entdecken gebe. Inzwischen habe ich aufgehört zu zählen, wie oft man mir gesagt hat, dass ein Verbleib in der Physik für mich zu schwierig sein werde oder dass es sinnlos sei, eine eigene Karriere anzustreben, und es doch viel nützlicher sei, wenn ich meinen Partner unterstützte und so auf eine mir gebührende Weise zur Forschung beitrage. Noch schlimmer war es vielleicht, dass man mich ständig für die Assistentin hielt, mich bat, Kaffee zu holen, oder mich aufforderte, den Grund meiner Anwesenheit zu nennen. Oft dachte man auch, ich hätte mich verirrt, und schickte mich aus dem Raum.

Auch wenn ich dieses Verhalten niemals billigen werde, kann ich heute mit einem gewissen Vergnügen feststellen, dass ich diesen Erfahrungen ein dickes Fell verdanke, auch in Bezug auf Kritik an meiner Arbeit. Für mich war die einzige Option, mich auf die Arbeit zu konzentrieren, die vor mir lag, und mich über alle Bedenken hinwegzusetzen. Natürlich ist es nur ein schmaler Grat zwischen Hartnäckigkeit und Starrsinn, und wer weiß, wie oft ich ihn überquert habe. Aber ich bin mir sicher, dass meine irrationale Beharrlichkeit und mein naiver Optimismus, die mir fast eine Karriere als Astronautin eingetragen hätten, auch für meinen Erfolg in der akademischen Welt verantwortlich sind. Beharrlichkeit ist noch keine Garantie für glückliches Gelingen, aber sie ist eine wichtige Voraussetzung. Wenn wir über Hartnäckigkeit, Zusammenhalt und Gelingen reden, hat uns das Universum wohl die beste Geschichte zu erzählen – die der Entdeckung der »dunklen Energie«.

In diesem Kapitel werde ich die fernsten Regionen des Universums erkunden und mich mit dieser neu entdeckten Substanz befassen, deren Beschaffenheit ich wie viele andere Forscher in den letzten zwei Jahrzehnten zu enträtseln versuchte. Wir werden einige ihrer faszinierenden Eigenschaften kennenlernen und eine Vorstellung davon bekommen, wie sie mit der Natur der Gravitation verknüpft sein könnte. Im Augenblick fasziniert mich jedoch vor allem, wie es die dunkle Energie – dieses unbedeutende und vernachlässigbare Element – geschafft hat, sozusagen durch bloße Beharrlichkeit in der Zeit und durch Zusammenhalt im Raum die häufigste und wichtigste Substanz im ganzen Universum zu werden, die Substanz, die am Ende über sein Schicksal entscheiden wird.

Häufig enden die besten Krimis mit einer unerwarteten Wende. Es stellt sich heraus, dass der wirkliche Täter nicht eine Einzelperson ist, sondern eine verdeckt im Untergrund wirkende Gesellschaft, von deren Mitgliedern Sie nie angenommen haben, sie könnten unter einer Decke stecken, ja, die Sie bis zum Schluss nicht einmal bemerkt haben. In der wechselvollen Geschichte des Universums ist die dunkle Energie diese geheimnisvolle Kraft, die seit undenklichen Zeiten zugegen war, im Hintergrund lauerte, scheinbar so unbedeutend, dass sie Jahrmilliarden unbemerkt blieb. Während alles andere eifrig bis zu den Grenzen des Universums drängte, blieb die dunkle Energie während dieser Zeit, wo sie war, als wäre sie ein Teil der größten kollektiven Anstrengung in der ganzen Geschichte. Nie veränderte sie sich, nie entwickelte sie sich, nie machte sie sich akustisch bemerkbar, zumindest so lange nicht, bis alles andere in den Hintergrund getreten war (oder sich vielleicht selbst in dunkle Energie verwandelt hatte).

Heute ist sie die Hauptdarstellerin in der Geschichte unseres Universums, diejenige, die das große Finale anführen wird. Es sind weder die Galaxien noch die Haufen dunkler Materie, die über den leeren Raum verteilt sind, es ist die dunkle Energie, die seit Ewigkeiten ausharrt und sich unaufhörlich überallhin ausbreitet. Letztlich wird ihr Verhalten über das Schicksal des Universums und die Zukunft von Raum und Zeit selbst entscheiden. Erstaunlich, was außergewöhnliche Beharrlichkeit und Zusammenhalt bewirken können.

Ein rätselhaftes Universum im Zustand unaufhörlicher Expansion

Um mehr über das Universum in Erfahrung zu bringen, wollen wir unseren Planeten einen Augenblick verlassen und die Entfernungen betrachten, die die Verhältnisse jenseits unseres Sonnensystems und jenseits unserer Galaxis, der Milchstraße, bestimmen bis hin zu Andromeda, unserer Nachbargalaxis. Selbst auf dieser Skala, die relativ klein ist im großen Plan der Dinge, gibt es bereits Hinweise darauf, dass es in unserem Universum mehr gibt, als das Auge wahrnimmt. Bei solchen Entfernungsverhältnissen erkennen wir, dass Sterne, die um Galaxien kreisen, dies auf eine Weise tun, als würden sie von eine Gravitationsmasse angezogen werden, die viel größer ist als das, was wir an Massen sehen: Die Gesamtmasse aller Atome in den Sternen der Galaxien, aller Planeten die sie umkreisen, aller Kometen und des gesamten interstellaren Staubs einschließlich Neutrinos reicht einfach nicht aus, um die Gravitationsanziehung zu erklären, die auf die die Galaxie umkreisenden Sterne ausgeübt wird. Diese unerwartet große Anziehung lässt sich nur durch die Annahme erklären, dass alle Galaxien und Galaxienhaufen im Universum in eine unsichtbare Substanz eingebettet sind, die wir passenderweise als »dunkle Materie« bezeichnen. Die Fülle dieser dunklen Materie ist mehr als astronomisch. Wie sich erweist, macht alles, um dessen Existenz wir wissen – Sterne und Staub und andere Teilchen – nur einen kleinen Bruchteil der Masse unserer eigenen Galaxie aus. Für den Rest muss die dunkle Materie aufkommen.

Die exakte Beschaffenheit der dunklen Materie ist unbekannt, obwohl Tausende von Forschern verbissen an der Lösung dieses Rätsels arbeiten. Es könnte sein, dass ein Klümpchen dunkler Materie in diesem Augenblick Ihren Körper durchquert, herauskommt und vor Ihrer Nase herumtanzt. Wenn es so wäre, würden Sie nichts davon merken. Noch nie haben wir dunkle Materie *gesehen* oder direkt nachgewiesen. Daher wirkt es so, als hätte sie keinen sehnlicheren Wunsch, als weiterhin vor uns verborgen zu bleiben und sich mit uns nur über die Gravitation zu verständigen. Die Anziehungskraft eines solchen Materieklümpchens wäre unendlich viel kleiner als irgendeine Störung anderer Art, die wir normalerweise auf der Erde spüren. Tatsächlich wäre sie so gering, dass selbst ein einzelnes Sauerstoffatom in der Luft einen größeren Druck auf Sie ausüben würde. Doch wenn wir größere Entfernungen betrachten, wird die Wirkung dieser bislang unsichtbaren Materie unverkennbar. Der Einfluss ihrer Gravitation auf Sterne, Galaxien, Galaxien-Superhaufen und das Universum als Ganzes ist nicht nur unübersehbar, sondern auch unentbehrlich.

Eine Fülle von Beobachtungsdaten belegen, dass seit den Kleinkindtagen unseres Universums, seit es seinen strahlenden fünfzigtausendsten Geburtstag beging, die dunkle Materie von großer Bedeutung für seine Entwicklung war. Die Gravitationsanziehung der dunklen Materie war entscheidend für die Keime der ersten Galaxien und für die Geburt der ersten Sterne. Zwar spüren wir ihre sanfte Berührung nicht, aber ihre Gegenwart war in allen Altersstufen des Kosmos unabdingbar für unsere Existenz.

Jetzt, da wir die dunkle Materie an Bord genommen haben, wollen wir auf unserer Reise ein Stück weiterkommen und jenseits von Andromeda noch größere Fernen ansteuern: indem wir unseren lokalen Superhaufen, den Virgo-Superhaufen, durchqueren, der sich über Hunderte Millionen von Lichtjahren erstreckt. Merkwürdigerweise zeigen uns unsere Beobachtungen, dass sich diese Galaxien und Galaxien-Superhaufen in alle Richtungen entfernen. Tatsächlich scheint eine Galaxie ihren Abstand zu uns umso schneller vergrößern zu wollen, je weiter sie bereits von uns entfernt ist.

Würden wir nicht von einem in Jahrtausenden zusammengetragenen Wissen profitieren, kämen wir vielleicht zu der Schlussfolgerung, unsere eigene Galaxie, die Milchstraße, nehme einen besonderen Platz im Mittelpunkt des Universums ein, von dem jede andere Galaxie zu fliehen versuche. Doch wie wir Menschen gelernt haben (sollten), dass wir keinen besonderen, zentralen Platz auf der Erde einnehmen, hat die Wissenschaft akzeptiert, dass die Erde keinen besonderen Platz im Sonnensystem innehat und das Sonnensystem keinen besonderen Platz in der Milchstraße. Die Logik sagt uns, dass Gleiches für unsere Galaxie gelten sollte. Mag auch der Entschluss, uns in den Mittelpunkt des Universums zu stellen, eine bequeme Erklärung für einige Beobachtungen liefern, so führt das doch zu der sehr viel schwierigeren Frage, wie und warum wir zu diesem Privileg gekommen sind.

Stattdessen besagt die viel glaubhaftere Erklärung, dass jeder Punkt sich höchst demokratisch von jedem anderen Punkt entfernt. Aus Sicht *jeder beliebigen* Galaxie im Universum scheint sich dann alles andere von ihr zu entfernen. Mit anderen Worten, unser Universum muss expandieren. Etwas genauer: Wenn unsere Beobachtungen offenbaren, dass die Galaxien sich voneinander entfernen, so liegt das daran, dass der Raum zwischen zwei beliebigen Punkten des Universums gedehnt wird. Um uns davon ein Bild zu machen, wollen wir einen Augenblick auf die Erde zurückkommen, wo meine Tochter ihren Geburtstag feiert. Während ich mit aller Kraft meiner Lunge in einen Luftballon puste, werden alle Punkte auf seiner Oberfläche wie von Zauberhand auseinandergetrieben, während die Schrift »Alles Gute zum Geburtstag« immer größer und größer wird. Wenn wir zwei beliebige Punkte auf der Oberfläche des Ballons betrachten, werden wir feststellen, dass sie sich voneinander entfernen. Natürlich ist unser Universum nicht die Oberfläche eines Luftballons, daher hat die Analogie ihre Grenzen. Vor allem expandiert unser Universum nicht *in* etwas anderes *hinein*, wie es beim Ballon der Fall ist.

Wenn wir den Begriff *Expansion* verwenden, können wir nur schwer der Versuchung widerstehen, uns das Universum mit einer endlichen, sich stetig nach außen verschiebenden Grenze vorzustellen. Dann fragen wir uns instinktiv, wohinein das Universum wohl expandieren könnte. Leider wird die einzige Antwort, die ich geben kann, für Sie die unbefriedigendste sein. Ich will es trotzdem hinschreiben: Das Universum expandiert ins *Nichts*. Genauer, das Universum expandiert nicht *in* irgendetwas *hinein*. Es expandiert einfach an sich, in sich. Im Gegensatz zu unserem sich aufblähenden Ballon oder, sagen wir, einem Leitungsleck, durch das Gas in einen unabhängig existierenden Raum strömt, ergießt sich unser Universum nicht in einen umgebenden Raum oder gar in eine andere Dimension. Vielmehr dehnt sich die Struktur von Raum und Zeit aus, eine Struktur, die es schon immer gegeben hat. Diese Struktur oder dieses Gefüge von Raum und Zeit ist elastisch und verformbar. Wie sie uns zerreißen kann, wenn wir in ein Schwarzes Loch fallen, kann sie auch expandieren und alles, was in sie eingebettet ist, auseinandertreiben.

Zwar können wir es nicht mit Sicherheit sagen, aber es ist ziemlich wahrscheinlich, dass die Größe des Universums unendlich ist. Da Licht und Glicht mit endlicher Geschwindigkeit unterwegs sind und seit dem Urknall nur eine endliche Zeitspanne verstrichen ist, werden wir uns auf immer damit zufrieden geben müssen, nur einen endlichen Teil dieser unendlichen Region beobachten zu können. Mit anderen Worten, unser *beobachtbares Universum* ist endlich. Aber das *ganze Universum* selbst existiert auch außerhalb der Region, die wir sehen, fühlen, riechen und beobachten können, jenseits der Region, die wir durch Licht sehen und durch Glicht hören können. Tatsächlich muss die Größe unseres beobachtbaren Universums nicht unbedingt anwachsen. Wenn sich die Expansion genügend beschleunigte, würde das beobachtbare Universum sogar schrumpfen, weil Licht und Glicht aus fernen Regionen zunehmende Schwierigkeiten hätten, mit der Expansion Schritt zu halten.

Physische Grenzen und unüberwindbare Endpunkte sind ein so wesentlicher Teil unseres Lebens auf der Erde, dass die Aussicht, unser Universum sei möglicherweise unendlich, beunruhigend sein kann. Aber dem Universum ist die Befriedigung unserer

Instinkte egal; wenn es heute unendlich ist, dann liegt es vielleicht daran, dass es so »geboren« wurde. Dann wäre das Universum in seiner Größe vielleicht schon in dem Augenblick unendlich gewesen, als es mit dem Urknall begann – vielleicht sogar schon vorher –, und wird es wohl noch unendlich lange bleiben. Unendlich im Raum und in der Zeit kann es wachsen, sich entfalten und vollenden, ohne durch jene Grenzen, Fristen und anderen Einschränkungen gehindert zu werden, an die wir so gewöhnt sind.

Beschleunigte Expansion

Inzwischen gibt es zahlreiche unabhängige Anhaltspunkte, die uns erlauben, auf die Entwicklung zu schließen, die das Universum seit seiner Entstehung durchlaufen hat. Ein solcher Anhaltspunkt sind die zuerst von Edwin Hubble verwendeten Cepheid-Variablen, eine pulsierende Sternart, deren Temperatur und Helligkeit sich periodisch verändert. 1908 erkannte Henrietta Swan Leavitt, dass es einen direkten Zusammenhang zwischen der Pulsationsperiode der Cepheiden und ihrer absoluten Helligkeit gibt. Das ermöglicht, Cepheiden als *Standardkerzen* zu verwenden. In der Astronomie ist eine Standardkerze ein Körper, dessen Strahlungsleistung bzw. Helligkeit bekannt ist. Damit kann man den Abstand zu seiner Wirtsgalaxie messen: Im Fall der Cepheiden können wir durch Messung ihrer Pulsationsperiode darauf schließen, wie hell sie tatsächlich sind (absolute Helligkeit). Durch Vergleich ihrer absoluten Helligkeit mit der scheinbaren Helligkeit, die wir beobachten, können wir ihren Abstand schätzen – von den Astronomen Helligkeitsabstand genannt. Heute sind die leistungsfähigsten in der Kosmologie verwendeten Standardkerzen die Typ-Ia-Supernovae.

Eine Supernova ist die spektakuläre Explosion eines Sterns, zu der es kommt, wenn der innere Druck das eigene Gewicht nicht mehr aushält. Dieses kataklysmische Ereignis geht mit einer Lichtemission einher, die milliardenfach heller als die Sonne ist und bei einer ganz bestimmten Frequenz ihren Höhepunkt erreicht. Wenn sich die Wirtsgalaxie des explodierenden Sterns relativ zu uns bewegt, erscheinen uns die Frequenzen ihres Lichts infolge des Doppler-Effekts verschoben. Einen ähnlichen Effekt beobachten Sie, wenn ein Rettungswagen an Ihrem Haus vorbeifährt. Während der Wagen sich dem Haus nähert, wird das Signal zusammengedrückt, was zu einer höheren Frequenz führt. Das Gegenteil geschieht, während der Wagen in der Ferne verschwindet: Sie hören einen tieferen Ton. Auch das Licht ist eine Welle und folglich dem gleichen Effekt unterworfen. Wenn sich astronomische Körper entfernen, ist die Frequenz des Lichts, das wir auf der Erde empfangen, niedriger als die tatsächlich von dem Körper emittierte. Das Objekt erscheint »röter«, deswegen sagen wir, das Signal sei »rotverschoben« (in Richtung niedrigerer Frequenzen beziehungsweise der roten Lichtanteile verschoben). Aus dieser Frequenzverschiebung kann man schließen, wie schnell sich die Galaxie relativ zu uns bewegt. Gleichzeitig können wir anhand ihrer Helligkeit bestimmen, wie weit die Galaxie von uns entfernt ist, und auf diese Weise erkennen, wie groß die Expansionsrate des Universums ist.

Seit den 1960er Jahren verwendet man Supernovae, um zu rekonstruieren, wie sich die Expansion des Universums verändert, aber diese frühen Messungen sind naturgemäß nicht ganz so genau: Um die Veränderung der Supernova-Helligkeit von der ferner Galaxien im Hintergrund zu trennen, muss man feinste Unterschiede erkennen können. Doch 1998 schlossen sich zwei Forschungsteams zusammen – das *Supernova Cosmology Project* und das *High-Z Supernova Search Team* (wobei »*Z*« für Rotverschiebung steht) – und veröffentlichten eine bemerkenswerte Entdeckung, die von der Zeitschrift *Science* als »Durchbruch des Jahres« bezeichnet wurde. Um zu verstehen, wie bedeutend diese Entdeckung war und warum sie heute immer noch Rätsel aufgibt, müssen wir zunächst besser begreifen, was geschieht, wenn das Universum expandiert.

Bei der Expansion des Universums treten gleich mehrere Effekte auf, die zu einer Abnahme der Energiedichte (der Energiemenge pro Volumeneinheit) im Universum führen. Zunächst einmal nehmen die Abstände zwischen freien Teilchen zu und lassen jedem Teilchen mehr Raum für sich selbst. Die Anzahldichte der Teilchen (die Zahl der Teilchen pro Volumeneinheit) geht mit dieser Vergrößerung des Volumens zurück. Das gilt für alle Teilchen, unabhängig von Ladung, Masse, Spin, Farbladung (*color*) und so fort. Wenn eine Kiste mit einem Volumen von einem Kubikmeter zehn Teilchen enthält, ist die Teilchendichte einfach zehn Teilchen pro Kubikmeter. Wenn diese Kiste »expandiert« und allmählich auf doppelte Größe anwächst, beträgt ihr Volumen anschließend acht Kubikmeter, und ihre Teilchendichte ist 10 Teilchen pro 8 m^3 oder 1,25 Teilchen pro Kubikmeter.

Wenn nun ein Teilchen eine Masse besitzt – in der Teilchenphysik heißt das »massives Teilchen« –, schlägt neben der Energie, die es trägt, auch seine Masse zu Buche, was Sie ja aus der berühmten Formel $E = mc^2$ wissen. Da die Masse eines Teilchens diesem innewohnt und sich nicht verändert, wenn das Universum expandiert, wird die Energiedichte massereicher Teilchen (ihre

Energie pro Einheitsvolumen) ebenfalls abnehmen, während das Universum expandiert und das Volumen zunimmt. Doch wenn ein Teilchen keine Masse hat, wie das Photon, wird seine Energie durch die Wellenlänge und nicht die Masse bestimmt: je kürzer die Wellenlänge, desto größer die Energie des masselosen Teilchens.[25] Während das Universum expandiert, streckt sich der Raum, womit jeder Entfernungsbegriff anwächst einschließlich des Begriffs der Wellenlänge, jener Distanz, die die Welle für eine Schwingung braucht. Nimmt also die Wellenlänge zu, verringert sich für jede elektromagnetische Welle die Energie, die sie trägt.

Kehren wir zu dem Beispiel zurück, in dem unsere Kiste einige Teilchen enthält. Wenn die Kiste ihre Größe verdoppelt, nimmt die Teilchendichte um einen Faktor acht ab. Haben die Teilchen Masse, bleibt die Energie, die jedes Teilchen trägt, bei der Expansion der Kiste gleich. Deshalb nimmt die Energiedichte in der Kiste ebenfalls um einen Faktor acht ab. Doch sind die Teilchen masselos, geht die Energie, die jedes Teilchen trägt, um die Hälfte zurück, wenn die Kiste ihre Größe verdoppelt, woraus folgt, dass die Energiedichte masseloser Teilchen um einen Faktor sechzehn zurückgeht. Dieses Beispiel zeigt, dass sich die Energiedichte, die

---

25 Einsteins Formel $E = mc^2$ gilt nur für ein Teilchen in Ruhe. Doch Teilchen wie Photonen sind masselos und daher nie in Ruhe; tatsächlich bewegen sie sich immer mit Lichtgeschwindigkeit. In diesem Fall muss eine andere Formel verwendet werden, eine Formel, die schon 1900, also vor Einsteins großem Wurf, von Max Planck vorgeschlagen wurde. Plancks Formel besagt, dass eine elektromagnetische Welle mit der Wellenlänge λ eine Energie besitzt, die sich umgekehrt proportional zu dieser Wellenlänge verhält. Sie lautet $E = ch/\lambda$, wobei c die Lichtgeschwindigkeit ist und h die Planck-Konstante, der wir bereits in Kapitel 4 begegnet sind, als wir die Planck-Skala erörterten.

Licht oder »Strahlung« trägt, bei der Expansion des Universums rascher abschwächt als die Energiedichte, die massive Teilchen oder – wie wir sagen – die »Materie« trägt, egal, ob sie sichtbar oder als dunkle Materie unsichtbar ist.

Als das Universum relativ jung, dicht und heiß war, war die Energie, die im Licht und in anderen masselosen Teilchen (sowie in massiven Teilchen nahe der Lichtgeschwindigkeit) enthalten war, die vorherrschende Energieform und bestimmte den Verlauf der Expansion des Universums. Das bezeichnen Kosmologen als »Strahlungsära«. Da Strahlungsenergie sich zum Glück für uns rascher ausdünnt als die Energie der Materie, kam eine Zeit – das Universum war ungefähr fünfzigtausend Jahre alt –, ab der Licht und Strahlung nicht mehr die vorherrschende Energieform waren. Stattdessen lag jetzt der größere Teil der Energie in Form von Materie vor, aus der später die uns beherbergenden Galaxienhaufen wurden. Das war der Beginn der sogenannten »Materie-Ära«.

Während der Materie-Ära setzte das Universum seine Expansion etwas langsamer fort. Damals wurden die Elektronen schließlich von Kernen aus Protonen und Neutronen eingefangen. Als sich die ersten Atome bildeten, ermöglichten sie die freie Ausbreitung des Lichts. Es folgte ein Zeitraum von einigen Hundert Millionen Jahren, in dem sich unter dem Einfluss der Gravitation von Quellen dunkler Materie die ersten Galaxienhaufen bildeten, die sich wiederum zu den filamentartigen Strukturen zusammenfanden, die unser Universum durchziehen.

Seit dem Urknall, der den Raum auseinandersprengte, hat das Universum seinen Schwung beibehalten und seine Expansion fortgesetzt. Ursprünglich während der Periode der kosmischen Inflation beschleunigt, drosselte die Expansion im Laufe der Strahlungs-

und Materie-Ären allmählich ihr Tempo.[26] Man würde erwarten, dass es mit der Zeit der Gravitationsanziehung zwischen den Galaxienhaufen sowie allen anderen im Universum vorhandenen Materie- und Massenformen gelingen würde, sich durchzusetzen und die kosmische Expansion weiter zu verlangsamen – oder möglicherweise zum Stillstand oder sogar zum Kollaps zu bringen.

Um zu bestätigen, dass sich die Expansion verlangsamt, müssen wir Galaxien betrachten, die weiter von uns entfernt sind; damit wir sehen, was zu früheren Zeitpunkten in der Geschichte unseres Universums geschah. Verlangsamt sich die Expansion, folgt daraus, dass sie in der Vergangenheit schneller war, daher sollten wir erwarten, dass ferne Galaxien sich von uns ein wenig schneller entfernen, als wir es von unseren Beobachtungen weniger weit entfernter Galaxien erwartet hätten. Genau das wollten das Supernova Cosmology Project und das High-Z Supernova Search Team beweisen, und deshalb waren ihre Ergebnisse so bedeutsam.

Doch statt zu beweisen, dass sich die Expansion des Universums gegenwärtig, wie erwartet, verlangsamt, kamen beide Gruppen zu genau dem gegenteiligen Ergebnis. Gegenwärtig beschleunigt sich die Expansion des Universums. Diese Entdeckung von Saul Perlmutter, Brian P. Schmidt und Adam G. Riess wurde 2011 mit dem Nobelpreis für Physik ausgezeichnet. Heute stehen uns eine Vielzahl von zusätzlichen Überprüfungsmöglichkeiten zur Verfügung, und alle bestätigen, dass sich die Expansion des Universums tatsächlich beschleunigt (obwohl die mit den verschiedenen Methoden gemessenen Beschleunigungsraten etwas voneinander abwei-

---

26 Es könnte Alternativen zur kosmischen Inflation geben – und es sind einige faszinierende Modelle vorgeschlagen worden –, aber sie sind sich alle in Hinblick auf die anschließenden Strahlungs- und Materie-Ären einig.

chen). Diese Entdeckung ist in vielerlei Hinsicht verwirrend. Um verstehen zu können, warum diese Beobachtungen allem zuwiderlaufen, was wir vermuten würden, müssen wir uns eingehender mit der Schnittstelle zwischen Gravitation und Teilchenphysik beschäftigen.

Dunkle Energie

Seit den Anfängen der Kosmologie hat man naiverweise erwartet, die kosmische Expansion werde sich verlangsamen und die allgemeine Energiedichte jedes Elements abnehmen. Dies muss auch der Fall sein, wenn das Universum mit Strahlung (Licht) oder Materie gleich welcher Art gefüllt ist (das können Planeten, Kometen, Sterne, Gas, dunkle Materie, Schwarze Löcher oder Neutrinos sein – alle diese Elemente tragen zur Verlangsamung der kosmischen Expansion bei). Um die beschleunigte kosmische Expansion zu erklären, muss das Universum mit einer neuen Art von Energie gefüllt sein, die sich bei der Expansion des Universums nicht (oder nur sehr wenig) verdünnt. Eine derartige Energie haben wir (bis jetzt) weder gesehen noch mit ihr wechselgewirkt, daher muss sie für uns »dunkel« sein, aber sie hat keinerlei Ähnlichkeit mit dunkler Materie. Deshalb haben wir dieser überaus wichtigen Energie den Namen *dunkle Energie* gegeben.

Seit 1998 hat die Kosmologie bemerkenswerte Fortschritte in der Frage gemacht, was dunkle Energie nicht ist. Doch die Frage, was denn die dunkle Energie wirklich ist und was die beschleunigte Expansion des Universum antreibt, bleibt unbeantwortet. Dunkle Energie wird häufig als ein Phänomen der »Antigravitation« beschrieben, das die Gravitationsanziehung zwischen lokalen Massen umkehrt. Um dunkle Energie im Rahmen der Newton'schen Gravitation zu beschreiben, müssten wir das Universum mit einem konstant dichten Inhaltsstoff füllen, dessen Masse negativ ist! Das erscheint wenig erfolgversprechend. In der allgemeinen Relativitätstheorie ist die Sachlage nicht so dramatisch: Dunkle Energie lässt sich als Inhaltsstoff mit positiver Energiedichte, aber negativem Druck beschreiben. Der negative Druck ruft den Effekt der Antigravitation hervor und veranlasst die Galaxien, sich beschleunigt voneinander zu entfernen. Genauer, die Galaxien setzen im Großen und Ganzen ihre eigenen geradlinigen Bahnen durch eine gekrümmte Raumzeit fort, während der negative Druck die Raumzeit selbst veranlasst, sich zu verdünnen und exponentiell zu expandieren, wobei sie die Galaxien mit sich trägt.[27]

---

27 Wenn Sie wissbegierig sind, können wir die dunkle Energie bereits in Newtons Gravitation nachahmen (obwohl sie in der allgemeinen Relativitätstheorie natürlich eine fundierte Ableitung besitzt). Üblicherweise stellt man sich vor, die Newton',sche Kraft wirke auf ein Objekt von der Masse m ein, abgeleitet von dem Newton'schen Potenzial V, nämlich *als* $F(r) = -mV'(r)$. Für ein Objekt der Masse M, das in $r = 0$ lokalisiert ist, ergibt sich das Potenzial zu $V = -GM/r$, so dass $V' = GM/r^2$, und wir erhalten Newtons Gravitationsgesetz $F = -GmM/r^2$. Wenn wir anstelle einer in $r = 0$ lokalisierten Masse ein Fluid mit konstanter Dichte ρ hätten, wäre die in einem Volumen mit dem Radius r enthaltene Masse $M(r) = 4\pi\rho r^3/3$, und die Ableitung des Newton'schen Potenzials wäre gegeben durch $V' = GM(r)/r^2 = 4\pi\rho r/3$, was eine mit dem Abstand anwachsende Anziehungskraft ergibt, $F(r) = -mV'(r) = -4\pi\, mG\rho r/3$. Um den Effekt der dunklen Materie nachzuahmen, müssen wir die Anziehungskraft in eine Abstoßungskraft verwandeln, die ferne Galaxien veranlasst, sich beschleunigt voneinander zu entfernen. In der Newton'schen Gravitation verlangt das eine unphysikalische negative Massendichte von $\rho < 0$. In der allgemeinen Relativitätstheorie kann man denselben Effekt durch ein Fluid erreichen, das positive Energiedichte, aber hinreichend großen negativen Druck besitzt.

Aus dieser Analyse ergibt sich eine anfangs bizarr wirkende Folgerung: Wenn wir eine Kiste voll dunkler Energie haben und ihre Größe verdoppeln, nimmt die Gesamtenergie in der Kiste zu. Aber woher kommt diese Extraenergie? Und schließt der Erhaltungssatz – nach dem Energie nur in eine andere Form, wie Wärme, überführt werden, aber nicht zunehmen oder verloren gehen kann – diese Möglichkeit nicht aus? Wie lässt sich dann der Umstand erklären, dass die Gesamtenergie des Universums mit der Zeit anwächst?

In der Physik ist die Energieerhaltung mit dem kompliziert klingenden Prinzip der »Zeittranslationsinvarianz« verknüpft. Es besagt: Wenn sich die Gesetze, die die Dynamik eines physikalischen Systems bestimmen, nicht mit der Zeit verändern, dann bleibt die Energie erhalten. Dies gilt in Newtons Mechanik, Maxwells Theorie des Elektromagnetismus und der speziellen Relativitätstheorie, wo die Raumzeit flach und unveränderlich in der Zeit ist. Zwar sind das hier auf der Erde gute Näherungen, doch unser Universum ist völlig anders. Es ist gekrümmt, expandiert, und seine Entwicklung bleibt uns in mancherlei Hinsicht unverständlich. Physikalische Größen müssen in einem zeitabhängigen System nicht konstant sein, und die Energie des Universums ist da keine Ausnahme.

Die Einzelheiten, die dem Anfang des Universums zugrunde lagen, sind uns noch immer unbekannt, doch die meisten Kosmologen sind sich darin einig, dass die dunkle Energie bei der Geburt des Universums so vernachlässigbar war, dass sie nur etwa 10^{-124} der Gesamtenergie ausmachte. Als Prozentsatz sind dies etwa 0,0000000000000000000000000000000000000000000000000000000000000000000000000000000000000000000000000000000000000000000000001 % (hier würde kaum jemand bemerken, wenn man ein paar Nullen wegnähme oder hinzufügte). Das ist ein so winziger Beitrag, dass er sich unserer Vorstellung entzieht. Zum Vergleich: die Masse eines einzigen Wasserstoffatoms macht ungefähr 10^{-51} der Gesamtmasse unseres Planeten aus. Während also die Auswirkung eines einzigen Atoms auf unseren Planeten offenkundig unmerklich und unbedeutend ist, ist sie dennoch unvergleichlich viel größer als die Wirkung der dunklen Energie am Anfang unseres Universums.

Die Stärke der dunklen Energie liegt nicht ihrer lokalen Auswirkung auf irgendeine einzelne Region in Raum und Zeit, sondern in ihrer Konstanz in Raum und Zeit – ihrem Zusammenhalt und ihrer Beharrlichkeit. Dunkle Energie verringert sich nicht während der kosmischen Expansion und nutzt sich nicht ab an den Rändern von Galaxien oder Galaxienhaufen. Zwar begann das Universum mit einer winzigen Menge dunkler Energie, aber alle anderen Energieformen wurden während der kosmischen Expansion zunehmend ausgedünnt. Heute ist unser Universum so alt und so gestreckt, dass die meisten Elemente fast vollständig verschwunden sind. Die dunkle Energie dagegen blieb unverändert und wartete einfach ab, bis sie nach Jahrmilliarden allmählich die Herrschaft übernehmen konnte. Einst vernachlässigbar, stellt die dunkle Energie heute rund 70 % der Gesamtenergie im Universum. Baryonische Materie, aus der alle sichtbare Materie besteht (Sie, ich, der ganze interstellare Staub und alle Planeten und Sterne) macht nur rund 5 % der Gesamtenergie aus, während die dunkle Materie für die restlichen 25 % sorgt. Früher stellte Licht- oder Glichtstrahlung zusammen mit der Strahlung masseloser Teilchen den größten Teil der Gesamtenergie, doch diese Beiträge sind längst unwichtig geworden. Heute scheint sich das Universum den Regeln der dunklen Energie zu unterwerfen und sich von ihr Entwicklung und Beschleunigung vorgeben zu lassen.

Wenn wir einen Augenblick innehalten und das Ganze überdenken, fragen Sie sich vielleicht, ob das alles nicht zu schön ist, um wahr zu sein. Vertreten wir tatsächlich die Ansicht, dass dort draußen mehr Energie ist als ursprünglich angenommen? Wenn dem so ist, warum machen wir sie uns dann nicht zunutze? Und einmal abgesehen davon, dass wir ohne sie nicht hier wären, warum hat sie nicht einen stärkeren Einfluss auf unser Leben?

Dunkle Energie gibt es überall im Universum, sogar auf der Erde, sogar hinter unseren Ohren, und ein kleiner Teil befindet sich bei jedem Atemzug in unseren Lungen. Es gibt allerdings zwei Hindernisse, die uns verbieten, sie als ideale Quelle für grüne Energie zu nutzen. Zum einen können wir mit der dunklen Energie nur durch Gravitation wechselwirken, und diese ist die schwächste aller Kräfte. Vor allem aber ist die Dichte der dunklen Energie *lokal*, d.h. an jedem einzelnen Punkt noch immer sehr gering. Wenn es uns auf wundersame Weise gelänge, alle dunkle Energie einzufangen, die sich bis zu zehn Metern Höhe über der Erdoberfläche befindet, erhielten wir gerade genug Energie, um einen Kessel mit Wasser zum Kochen zu bringen. Von einer schönen Tasse Tee abgesehen, hätten wir also nicht viel gewonnen. Selbst wenn wir in einem Volumen, das Erde und Mond umschließt, aller dunklen Energie habhaft werden könnten, würde die Energiemenge lediglich ausreichen, um einige Raumsonden in den Orbit zu bringen. Leider wird der Markt für die Gewinnung dunkler Energie in absehbarer Zeit keinen Aufschwung erleben; vielleicht ist das auch gut so, denn die dunkle Energie gedeiht am besten, wenn man sie in Ruhe lässt.

Selbst heute noch übertrifft der Einfluss von Materie in jeder »bewohnbaren« Region unseres Universums, in der sich Galaxien gebildet haben, bei Weitem den Einfluss der dunklen Energie.

Überall, wo es Sterne, Gas, Schwarze Löcher und dunkle Materie in der Milchstraße gibt, sind sie weit wichtiger als die dort enthaltene Gesamtmenge an dunkler Energie. Das war schon immer so, und daran wird sich bis zum Ende der Zeit nichts ändern. Selbst wenn eines Tages die Milchstraße mit Andromeda kollidiert und ihre elegante Spirale aus der Form gerät, wird die dunkle Energie verborgen im Hintergrund bleiben, ungehört, ungesehen und vollkommen ohne Belang für den Prozess.

Um die Bedeutung der dunklen Energie richtig einzuschätzen, müssen wir die bewohnbaren Regionen verlassen, in denen wir es uns bequem gemacht haben, und zu den gewaltigen kosmischen Leerräumen aufbrechen, die zwischen den Galaxienhaufen liegen. Ohne die dunkle Energie gäbe es in diesen riesigen Raumregionen, die den größten Teil unseres Universums ausmachen, überhaupt keine Energie. Während sich Materie vor allem um Galaxienhaufen konzentriert, ist dunkle Energie allgegenwärtig im ganzen Universum. Diese eiserne Entschlossenheit, jeden Winkel der Raumzeit zu füllen, ist genau die Eigenschaft, die es der dunklen Energie letztlich ermöglicht, eine größere Wirkung zu haben als irgendein anderer Bestandteil des Universums.

Einsteins kosmologische Konstante

Als Einstein 1915 seine allgemeine Relativitätstheorie ableitete, war die Expansion des Universums noch nicht bewiesen. Wie die meisten Wissenschaftler der Zeit glaubte er, dass sich das Universum in einem relativ stabilen statischen Zustand befinde. Die Gravitationsanziehung der Materie musste dieses Gleichgewicht in einer für Einstein und seine Zeitgenossen unerträglichen Weise stören. Glücklicherweise schlug er 1917 eine einfache Lösung für dieses Problem vor. Allerdings gab er später zu, es sei »die größte Eselei« seines Lebens gewesen. Die Grundidee mag vertraut klingen, entspricht sie doch dem, was wir als Wissenschaftler instinktiv tun, wenn unsere Modelle unsere Erwartungen nicht erfüllen – wir fügen ein neues Element hinzu. Dieses Mal bestand die Lösung nicht in einem zusätzlichen Planeten namens Vulkan oder Planet 9, sie nahm auch nicht die Gestalt von dunkler Materie an, sondern wurde durch den griechischen Buchstaben Λ bezeichnet und *kosmologische Konstante* genannt. Diese Konstante war die einzige mögliche Abänderung an den ursprünglichen Gleichungen der allgemeinen Relativitätstheorie, die nicht den philosophischen Grundpfeiler seiner Gravitationstheorie – das Äquivalenzprinzip – antastete. Daher ging es Einstein vielleicht gar nicht so gegen den Strich, sie einzuführen.

Bei fehlender Gravitation liefert die kosmologische Konstante lediglich einen Bezugspunkt. Stellen Sie sich vor, sie möchten die Höhe eines Bergs messen. Wie wollen Sie Höhe definieren? Möchten Sie den Meeresspiegel als Bezugspunkt nehmen? Oder den Mittelpunkt der Erde? Es gibt nicht nur eine Möglichkeit. Obwohl die Entscheidung für einen anderen Bezugspunkt den Zahlenwert für die Höhe des Berges verändert, bleibt der Berg selbst nebst seiner Beziehung zu anderen Objekten von der Entscheidung unberührt. Durch Veränderung des Referenznullpunktes bewirken Sie eine allgemeine, konstante Verschiebung der Höhenwerte, aber die relativen Höhen bleiben gleich. Die kosmologische Konstante ist der äquivalente Bezugspunkt oder der Nullpunkt für die Energiedichte unseres Universums. Von dieser Verschiebung ist nichts betroffen.

Nichts? Na gut, fast nichts. Fluch und Segen der Gravitation liegen infolge des Äquivalenzprinzips darin, dass *alles* davon betroffen ist und dass sie *alles* betrifft. Als ich sagte, nichts sei von der Verschiebung der kosmologischen Konstante betroffen, meinte ich, nichts außer der Gravitation, und genau darauf hat Einstein sich gestützt. Die kosmologische Konstante sollte der Gravitationsanziehung, die die Materie auf unser Universum ausübt, entgegenwirken, damit es statisch bleibe – denn das erwartete er.

Allerdings erkannte die wissenschaftliche Gemeinschaft später, dass Einsteins Balanceakt nicht stabil war. Er setzt nämlich voraus, dass die Materieverteilung vollkommen homogen ist und die kosmologische Konstante genau darauf abgestimmt ist, den Gravitationseffekt der Materie aufzuheben, wo sie sich auch befindet. Wenn Λ auch nur um eine Winzigkeit zu klein ist, stürzt das Universum kataklysmisch in sich zusammen. Ist Λ jedoch ein bisschen größer, gerät das Universum in eine sich unaufhaltsam beschleunigende Expansion. Einen sicheren statischen Mittelweg gab es nicht – die kosmologische Konstante schien ein vollkommener Fehlschlag zu sein.

Die Ironie liegt natürlich darin, dass sich die Expansion des Universums, wie wir heute wissen, tatsächlich beschleunigt! Weit davon entfernt, Einsteins größte Eselei zu sein, kann die kosmologische Konstante einfach für die fehlende dunkle Energie stehen. Noch ein weiterer, seiner Zeit weit vorauseilender Geniestreich Einsteins, der die Spätzeit-Beschleunigung des Universums erklärte, bevor man sie beobachtet hatte. Heute hat man den Wert der kosmologischen Konstante empirisch mit großer Genauigkeit bestimmt, obwohl wir in der Frage, wie sie zustande kommt, noch vollkommen im Dunkeln tappen. Was bestimmt den Wert dieser Konstanten? Welches physikalische Phänomen erklärt ihre Existenz?

In das Vakuum eintauchen

Einiges liegt hinter uns – wir stürzten uns in ein Schwarzes Loch, durchlebten noch einmal die Augenblicke nach der Geburt des Universums, betrachteten die Galaxienhaufen, die auseinanderflogen wie die Buchstaben auf einem Luftballon – und kommen nun noch einmal zu einem Halt auf unserer Reise durch das Universum. Hier wollen wir den tiefsten und dunkelsten Abgründen des Universums einen kurzen Besuch abstatten: den kosmischen Leerräumen, die keine Materie irgendwelcher Art und keine konventionelle Energie enthalten. Vielleicht stellen Sie sich diese gähnenden Leeren, die sich über Entfernungen von Millionen Lichtjahren erstrecken können, als ziemlich einsame und langweilige Orte vor, aber diese trostlosen Räume liefern vielleicht den interessantesten Hinweis für ein tieferes Verständnis der dunklen Energie.

Stellen Sie sich vor, Sie seien in die Mitte eines intergalaktischen kosmischen Leerraums gestürzt, mehr als hundert Milliarden Milliarden Kilometer von der nächsten Galaxie entfernt, so fern jeder Form des Lebens, dass das Licht des nächsten Sterns zehn Millionen Jahre braucht, um Sie zu erreichen. Malen Sie sich aus, wie verlassen Sie sich fühlen würden – keine Gespräche, kein Rasenmähen, kein Gebäck, kein Tee, keine Bänke mit traumhaftem Seeblick. Und das Schlimmste: Es gäbe keine aufregende Raumzeitkrümmung zu bewundern. Dort, in der Mitte dieses kosmischen Leerraums, hat die Raumzeitkrümmung den denkbar niedrigsten Wert erreicht, niedriger als das Universum ihn seit dem Beginn der Zeit erlebt hat – sechzig Größenordnungen unter der Planck-Skala, rund fünfzehn Größenordnungen unter den Werten im leeren Raum unseres Sonnensystems.

Obwohl wir nicht tatsächlich in solch eine kosmologische Wüstenei reisen können, ist es uns vielleicht möglich, dieses Erlebnis zu Hause nachzuempfinden, indem wir eine riesige Vakuumkammer bauen. Suchen Sie sich ein Zimmer oder vielleicht einen Wandschrank und leeren Sie den Raum vollkommen. Dichten sie ihn völlig ab und saugen Sie mit der stärksten Pumpe der Welt alle Luft aus ihm heraus. Achten Sie darauf, auch noch das letzte Elektron, Photon oder sonstige Fundamentalteilchen zu entfernen. O.K., fertig? Jetzt isolieren Sie die Kammer mit kilometerdicken Betonwänden, sodass es weder Licht noch Neutrinos, kosmischen Strahlen oder anderen Teilchen gelingen kann, sich in Ihre Geheimkammer einzuschmuggeln. Falls Sie sich nun dazu beglückwünschen, das beste Vakuum aller Zeiten hergestellt zu haben, unendlich viel besser als jedes Vakuum im Weltraum, sollten Sie wissen, dass selbst ihre preisverdächtige Vakuumkammer nicht vollkommen leer wäre. Sie wird stetig gefüllt, nicht mit Materie oder physikalischen Teilchen, sondern mit Energie, der Energie eines Quantenmeers von Teilchen und Antiteilchen, die ständig geschaffen und vernichtet werden – ein Phänomen, das wir als »Vakuumenergie« bezeichnen.

Die Vorstellung, es könne in einem solchen Vakuum etwas hervorgebracht und zerstört werden, mag etwas unheimlich erscheinen, weil unser Instinkt uns sagt, es sei unmöglich, dass etwas aus nichts entsteht. Doch die Quantenphysik lässt das zu, wenn die Raumregionen klein genug und die Zeitspannen kurz genug sind. Das Elektron ist beispielsweise ein reales geladenes Teilchen, das leicht aus dem Raum entfernt werden kann, indem man es mit einer entgegengesetzten Quelle anzieht. Außerdem hat das Elektron ein Antiteilchen, Positron genannt, das identische Eigenschaften besitzt, abgesehen davon, dass es die entgegengesetzte elektrische Ladung hat. Laut der Quantenphysik gibt es eine gewisse Wahrscheinlichkeit, dass ein Paar, bestehend aus einem Elektron und einem Positron, dessen elektrische Ladung unter dem Strich null ist, im Vakuum überall und jeder Zeit erzeugt werden kann. Vorausgesetzt, die beiden verschwinden wieder, indem sie sich gegenseitig vernichten (oder durch andere Paare vernichtet werden) – und zwar nach einem sehr kurzen Zeitraum, der durch Werner Heisenbergs Unschärferelation bestimmt wird.[28] Wir mögen zwar nicht in der Lage sein, solche Teilchen mit unseren Augen oder Instrumenten direkt zu erfassen – weshalb wir sie nicht aus unserer Vakuumkammer entfernen können und weshalb wir sie als »virtuelle Teilchen« bezeichnen. Aber die Effekte und die spontane Entstehung und Vernichtung von Paaren solcher virtuellen Teilchen sind mittels verschiedener Experimente mit unglaublicher Genauigkeit gemessen und getestet worden.

Einige der bekanntesten Experimente dieser Art finden in Genf statt, rund 50 km von meinem Geburtsort Lausanne entfernt, im größten Teilchenbeschleuniger der Welt, dem Large Hadron Collider (LHC). Im LHC werden Protonen mit 99.9999991 % der Lichtgeschwindigkeit aufeinandergeschossen, wobei sie zusammen eine Energie in der Größenordnung von einem Dutzend

28 Die Energie in einem Elektron-Positron-Paar beträgt mindestens $E = 2mc^2$, wobei m die Elektronenmasse ist. Nach einer Version der Heisenberg'schen Unschärferelation folgt aus einer Unschärfe in der Energie ΔE eine Unschärfe in der $\Delta t = h/4\pi\Delta E$, wobei h jene Planck-Konstante ist, der wir oben schon begegnet sind. Daraus folgt, dass eine virtuelles Elektron-Positron-Paar für eine Zeit der Größenordnung $\sim h/8\pi mc^2$ existieren könnte, ohne nachweisbar zu sein.

Billionen Elektronenvolt erreichen, womit sie millionenfach energiereicher sind als ein Elektron in Ruhe.[29] Wenn wir die Ergebnisse der Kollisionen im LHC richtig interpretieren wollen, müssen wir verstehen, wie sich die spontane Erzeugung virtueller Teilchen auf diese Prozesse auswirkt.

Ohne diese Effekte zu verstehen, könnten wir beispielsweise nicht erklären, wie die Higgs-Bosonen in Photonen zerfallen. Das war 2012 einer der Nachweise für das Higgs-Boson im LHC. In der Zeit von 1964 bis 1966 wurde das Higgs-Teilchen von mehreren Wissenschaftlern (unter anderem Brout, Englert, Higgs, Guralnik, Hagen und Kibble) parallel vorhergesagt, um zu erklären, warum Teilchen wie W- und Z-Bosonen eine (träge) Masse bekommen. Stellen Sie sich die Higgs-Teilchen als ein Meer vor, in das andere Teilchen eingetaucht sind; die Entdeckung des Higgs-Teilchens ist der Beweis, dass das Vakuum nicht leer ist, sondern zumindest mit der Energie des Higgs-Felds gefüllt ist. Das ist ein Teil dessen, was wir die Vakuum-Energie nennen – die Energie, die auch noch in den »leersten« Räumen vorhanden ist, wie etwa in unserer Vakuumkammer oder den intergalaktischen Leerräumen, die wir besucht haben. Der Beitrag der Higgs-Bosonen zu diesem Vakuum wirkt sich auf sämtliche andere massereiche Teil-

29 In der Teilchenphysik verwenden wir gewöhnlich die Einheit Elektronenvolt (eV), um eine Energieeinheit zu bezeichnen. Ein eV entspricht der Menge an kinetischer Energie, die ein ursprünglich ruhendes Elektron erwirbt, wenn es durch eine elektrische Potenzialdifferenz von einem Volt beschleunigt wird. Ein eV entspricht ungefähr 10^{-26} kWh. Wir erinnern uns, dass ein normaler Haushalt etwa 100 kWh pro Tag verbraucht, daher ist die in 1 eV enthaltene Energiemenge aus menschlicher Sicht unfassbar klein. Wenn vom Higgs-Boson die Rede ist, wird dessen Masse oft in Milliarden Elektronenvolt oder Gigaelektronenvolt angegeben, abgekürzt GeV.

chen aus, verlangsamt sie und führt letztlich zum Ursprung ihrer trägen Masse. Es kann aber auch andere Effekte haben, wie wir gleich sehen werden.

Da das Higgs-Boson ein neutrales Teilchen ist (es hat keine elektrische Ladung), wechselwirkt es nicht direkt mit Photonen. Doch das Higgs-Teilchen kann ein virtuelles Paar aus einem geladenen W^+- und einem geladenen W^--Boson erzeugen, die dann ihrerseits mit Photonen wechselwirken. Daraus folgt, dass die Higgs-Teilchen durch Vermittlung eines virtuellen Paars von W-Bosonen in Photonen zerfallen, und genau das wurde am LHC beobachtet. Tatsächlich sind die Auswirkungen dieser virtuellen Teilchen, gewöhnlich als *Schleifenkorrekturen* bezeichnet, so gründlich verstanden und auf einem so hohen Genauigkeitsniveau in vollkommenem Einklang mit den Daten, dass wir nicht nur stets berücksichtigen, wie sich die Erzeugung virtueller Teilchen auswirkt, sondern auch die Erzeugung eines virtuellen Teilchenpaars in einem virtuellen Teilchenpaar in einem virtuellen Teilchenpaar in einem virtuellen Teilchenpaar in einem virtuellen Teilchenpaar. (Falls Sie den Science-Fiction-Film *Inception* gesehen haben, entspricht der beschriebene Vorgang der vollkommenen Kontrolle über fünf Ebenen eines Traums.)

Angesichts dieser Geschichte mögen Sie das Gefühl haben, wir seien in einem Hollywoodfilm gelandet, doch in der Teilchenwelt deutet einfach eine überwältigende Fülle von Forschungsdaten auf den Effekt von virtuellen Teilchen hin; ihre Existenz zu bestreiten hieße, mehr als ein Jahrhundert wissenschaftlichen Fortschritts zu leugnen und mehr als ein Viertel aller in den letzten zwanzig Jahren vergebenen Nobelpreise für ungültig zu erklären. Obwohl diese Teilchen nicht direkt nachgewiesen werden können, besteht kein Zweifel daran, dass sie ständig auf die Streuung unserer physikalischen Teilchen Einfluss nehmen und unauflösbar zur Realität unseres Universums gehören.

Im Gegensatz zu dunkler Materie und dunkler Energie sind virtuelle Teilchen keine hypothetische Form von Materie oder Energie. Sie sind einfach die allgegenwärtige Seele aller bekannten Teilchen und infolge der Quantenfluktuationen stets und überall präsent. Jedes Elementarteilchen, von dem wir wissen – Elektron, Photon, Quark, Neutrino, W- und Z-Boson und so fort –, kann sich auf der virtuellen Ebene manifestieren und physikalische Prozesse spontan beeinflussen. In einigen Fällen können virtuelle Teilchen neue Zerfallskanäle öffnen, die es ohne sie nicht gäbe, so zum Beispiel beim Zerfall der Higgs-Bosonen in zwei Photonen – ein Prozess, der ohne ein virtuelles Paar geladener W-Bosonen nicht möglich wäre. In anderen Fällen können Schleifen virtueller Teilchen einen geringen Einfluss auf die Wahrscheinlichkeit eines bestimmten Ergebnisses ausüben. Selbst das Higgs-Teilchen, das 2012 am LHC entdeckt wurde, lieferte einen Beweis dafür, dass das Vakuum nicht leer ist. Stattdessen ist es zumindest mit der Vakuumenergie des Higgs-Felds gefüllt, und genau dieser nicht verschwindende Vakuumwert wirkt sich auf alle anderen massiven Elementarteilchen aus, bremst sie ab und führt im Endeffekt zum Ursprung ihrer trägen Masse.

Dieses Meer von Quantenteilchen gibt es überall und immer, in den kosmischen Leerräumen, in jeder Region der Galaxien und sogar in der Nähe Schwarzer Löcher. Daraus folgt, dass die Vakuumenergie auch noch die innerste Schicht des Universums füllt; durch ihre hartnäckige Präsenz in Raum und Zeit wirkt sie genau wie eine kosmologische Kontante. Hält man sich an die klassischen Einstein'schen Gleichungen der Relativitätstheorie, dann ist diese Vakuumenergie nicht von der kosmologischen Konstante zu unterscheiden. Daher könnte Λ, von Einstein ursprünglich als Notlösung gedacht, einfach die von jedem Teilchen erwartete Vakuumenergie sein und damit die natürliche und nahe liegende Kraft, die die beschleunigte Expansion des Universums antreibt. Zumindest gehört dieser Entwurf zu den weithin akzeptierten Erklärungen für die Beschaffenheit unseres Universums und der gesamten Realitätsstruktur, weil sie die beiden Grundpfeiler der modernen Wissenschaft in vollkommener Symbiose verbindet. Auf der einen Seite sagt die Quantenphysik die Existenz eines konstanten und gleichförmigen Meers von Vakuumenergie voraus. Auf der anderen Seite führt das Äquivalenzprinzip zu den Gesetzen der allgemeinen Relativitätstheorie, die vorhersagt, dass dem Universum infolge der Vakuumenergie eine beschleunigte Expansion bevorsteht. Zusammen entwerfen sie ein stimmiges und schlüssiges Bild, das mit der ursprünglich zutiefst überraschenden Beobachtung eines expandierenden Universums in Einklang steht. Auf den ersten Blick scheint alles vollkommen ineinandergreifen. Leider ist die Natur nie so einfach gestrickt.

Die größte Diskrepanz der Wissenschaftsgeschichte

Wenn ich mitten in einer Reihe komplexer Berechnungen stecke, die Monate für ihre Vollendung brauchen, und das Projekt bemerkenswert gut voranzukommen scheint, da es meinen Erwartungen entspricht und sich in die gewünschte Richtung entwickelt, weiß ich, dass es oft am besten ist, innezuhalten und einen Tag abzuwarten, bevor ich mich den letzten Schritten zuwende.

Zumindest habe ich gelernt, dass ich und meine Liebsten auf diese Weise sehr harmonische Feierabende verbringen – in seliger Unkenntnis der Schwierigkeiten und Probleme, die mich noch erwarten, wenn ich erst einmal mit meinen endgültigen Berechnungen begonnen habe. In einer ähnlichen Situation sind wir mit der Vakuumenergie der Teilchenphysik, die überall im Universum vorhanden ist und damit einen naheliegenden Kandidaten für die kosmologische Kontante als Erklärung für die beschleunigte Expansion des Universums darstellt. Es verbleibt noch die Aufgabe, unsere Rechnung zu vervollständigen. Um uns selbst (und den Rest der wissenschaftlichen Gemeinschaft) davon zu überzeugen, dass die beschleunigte Expansion des Universums tatsächlich durch die Vakuumenergie der Teilchen bewirkt wird, müssen wir den Wert der Energiedichte, die wir im Vakuum erwarten, mit dem Wert der Energiedichte vergleichen, die erforderlich ist, um die beschleunigte Expansion des Universums zu erklären.

Wie wir gesehen haben, ist zu jeder gegebenen Zeit die Menge an dunkler Energie im Universum relativ gering, rund 10^{-33} kg per cm^3 oder 10^{-12} eV^4 in teilchenphysikalischen Einheiten – kaum genug, um ein paar Tassen Tee aufzubrühen, wenn es uns gelänge, alle auf der Erdoberfläche vorhandene Energie dieser Art nutzbar zu machen. Das ist der Dichtewert für die dunkle Energie, den wir brauchen, um die Beobachtung der beschleunigten Expansion des Universums erklären zu können.

Jetzt wollen wir sehen, wie viel Vakuum-Energie Elementarteilchen liefern können. Betrachten wir ein Teilchen mit der Masse m. Es trägt die Energie E, die seiner Masse entspricht (wir erinnern uns an Einsteins berühmtes Gesetz $E = mc^2$). Jedes Teilchen hat sein eigenes Antiteilchen, das die gleiche Masse m hat. Heisenbergs Unschärferelation gestattet einem Teilchen-Antiteilchen-Paar für einen kurzen, durch $\Delta t \sim h/E$ begrenzten Zeitraum, aus dem Vakuum hervorzuspringen, wobei h die Planck-Konstante ist.[30] Diese Zeit Δt ist also umgekehrt proportional zur Energie der Teilchen, und damit auch umgekehrt proportional zu ihrer Masse. In der Zeit Δt können die Teilchen höchstens eine Distanz von $d = hc/E = h/cm$ zurücklegen. Das maximale Volumen, das sie beanspruchen können, ist entsprechend umgekehrt proportional zur dritten Potenz der Masse. Wenn Sie dem nicht ganz folgen konnten, glauben Sie mir einfach, dass letztlich für jedes Teilchen der Masse m das Vakuum mit einem Meer von virtuellen Teilchen-Antiteilchen-Paaren gefüllt sein müsste, deren Energiedichte proportional zur Teilchenmasse hoch vier ist.[31]

Betrachten wir beispielsweise das Elektron. Sir Joseph John Thomson entdeckte dieses Teilchen 1897 nach Jahrzehnten der Spekulation. Ein einziges Elektron hat, am Menschen gemessen, eine sehr geringe Masse, rund 10^{-30} kg, aber für das Vakuum entspricht das einer Energiedichte von 10^{-30} kg ~ 0.5 Megaelektronenvolt in vierter Potenz oder rund $(0.5 \times 10^6 \text{ eV})^4 \sim 10^{22} \text{ eV}^4$. Ein

---

30 Etwas genauer ist die Unschärfe in der Zeit, Δt, bei der Erzeugung eines ruhenden Teilchen-Antiteilchen-Paars mit Teilchenmasse m (das heißt mit der Gesamtenergie $E = 2mc^2$) $\Delta t = h/(8\pi mc^2)$.

31 Die Energiedichte ist Energie pro Volumeneinheit. Bezogen auf die jeweiligen Teilchen, haben wir gesehen, dass sich alle relevanten Größen durch die Energie oder äquivalent durch die Masse ausdrücken lassen (wobei der Zusammenhang zwischen Energie und Masse durch $E = mc^2$ gegeben ist). Um kleine Abstände zu bestimmen, brauchen wir höhere Energie, daher skaliert Energie mit 1/Länge, und 1/Volumen ist entsprechend proportional zur dritten Potenz der Energie. Daraus folgt, dass die Energiedichte proportional zur vierten Potenz der Energie ist oder äquivalent proportional zur vierten Potenz der Masse, $E/d^3 \sim c^5m^4/h^3$.

wahnwitziger Wert! In Anlehnung an einen ähnlichen Vergleich, den der britische Physiker Sir Oliver Lodge 1907 wählte, wäre das, als befände sich »die Energie, die ein dreißig Millionen Jahre laufendes Millionen-Watt-Kraftwerk produziert – permanent und für uns unzugänglich –, in jedem Kubikmillimeter des Raums« [14]. Die Energie ist *unzugänglich* – es sei denn, wir berücksichtigen die Gravitation. Hinsichtlich der Wirkung auf die beschleunigte Expansion des Universum wäre das um mehr als fünfunddreißig Größenordnungen mehr als die Menge an dunkler Energie, die erforderlich wäre, um die gegenwärtigen Beobachtungen zu erklären. Mit anderen Worten, würde man diesen Beitrag der Elektronen zur Vakuum-Energiedichte in Einsteins Gleichungen aufnehmen, wäre das Ergebnis eine enorme und absolut unrealistische Krümmung.

Den modernen Zusammenhang zwischen kosmologischer Konstante und der Quantenvakuum-Energie hat zwar der sowjetische Physiker Jakow Sel'dowitsch im Jahr 1968 entdeckt, doch die Idee, das Vakuum könnte Energie enthalten, geht auf Überlegungen zurück, die der deutsche Physiker Walther Nernst in den 1920er Jahren anstellte. Von dessen Gedanken ausgehend, kommt der deutsche Physiker Wilhelm Lenz 1926 in seinen Schätzungen zu einem bemerkenswerten Ergebnis: Die Vakuumenergie von Wellen mit Frequenzen bis hin zum Äquivalent der Elektronenmasse würde eine so starke Raumzeitkrümmung hervorrufen, dass der daraus resultierende Hubble-Radius – er entspricht dem Radius des beobachtbaren Universums (die Entfernung bis zu dem Horizont, über den wir derzeit nicht hinaussehen können) – »nicht einmal bis zum Mond reichen würde« [15, 16]. Wolfgang Pauli gelangte 1933 zu dem gleichen Schluss [17, 18].

Heute wissen wir, dass es noch massereichere Teilchen gibt.

Wenn wir beispielsweise den Beitrag des Higgs-Bosons zur Vakuumenergie berücksichtigen, wäre die Krümmung des Universums so groß, dass der beobachtbare Radius unseres Universums nicht einmal die Zentimeterschwelle erreichte. Wäre es tatsächlich so, folgte daraus, dass wir jenseits dieses Abstands nichts sehen könnten und dass alles, was nicht durch die elektroschwache oder die starke Kraft an uns gebunden wäre, buchstäblich schneller davonflöge, als wir sehen könnten. Der Umstand, dass Sie in der Lage sind, dieses Buch zu lesen, ohne dass es sich mit Überlichtgeschwindigkeit davonmacht, zeigt, dass das nicht die Realität ist, in der wir leben. Die Vakuumenergie, die sich aus unserer Schätzung ergibt, kann nicht die dunkle Energie sein, die die Expansion unseres Universums beschleunigt.

Aber wo liegt der Fehler? Wir haben es schließlich mit zwei sehr gut belegten und anerkannten Theorien zu tun. Auf der einen Seite herrschen im Reich der Teilchenphysik die Gesetze der Quantenphysik mit ihrem Meer von virtuellen Teilchen, deren Beiträge in teilchenphysikalischen Experimenten mit höchster Genauigkeit nachgewiesen wurden; auf der anderen Seite haben wir die Relativitätstheorie, deren Vorhersagen uns auch bei akribischer Prüfung bislang nie im Stich gelassen haben. Gewiss, die allgemeine Relativitätstheorie sagt vorher, dass sie an einem bestimmten Punkt scheitern wird, nämlich kurz bevor wir die Singularitäten Schwarzer Löcher oder die Singularität des Urknalls erreichen. Aber hier befinden wir uns ja im Gegenteil auf kosmologischen Größenskalen. Oder könnte die Theorie auch dort scheitern?

Die eigentliche Frage, der wir uns heute gegenübersehen – das sogenannte »Problem der kosmologischen Konstante« – lautet nicht: Wie ist die dunkle Energie beschaffen, die die beschleunigte

Expansion des Universums bewirkt, sondern: Warum beschleunigt unser Kosmos so langsam? Warum konnte das Universum so groß werden, obwohl die Vakuumenergie es so maßlos hätte krümmen müssen? Mit anderen Worten, warum stellt die dunkle Energie *nur* 70 Prozent der Gesamtenergie, obwohl wir einen viel größeren Beitrag von ihr erwartet hätten? Oder noch verwunderlicher, wie kommt es, dass die »normale« Materie (das sind Sie und ich) gerade einmal 5 % der gegenwärtig vorhandenen Gesamtenergie ausmacht? Natürlich wären wir nicht hier, um uns diese Frage zu stellen, wenn es nicht so wäre, folglich ist die Natur möglicherweise so freundlich gewesen, uns mit der passenden Umwelt zum Überleben zu versorgen. Eine derartige anthropische Antwort ist immer möglich, aber sie erklärt nicht, wie unser Universum zu dem wurde, was es ist.

Eine andere Möglichkeit ist, dass unsere Erwartungen aus der Teilchenphysik einfach falsch sind, wenn wir sie auf den Kontext des Vakuums anwenden. Vielleicht gibt es so etwas wie die Quanten-Vakuumenergie gar nicht. Das entsprach weitgehend den Überlegungen von Lenz und den nachfolgenden Erkenntnissen von Pauli vor einem Jahrhundert. Obwohl Pauli einer der Begründer der Quantenmechanik war, lehnte er den Begriff der Quanten-Vakuumenergie ab.[32] Der Unterschied zwischen damals und heute

---

32 Pauli bezeichnete die Quantenvakuum-Energie als »Nullpunktsenergie«, ein Begriff, den wir auch heute noch gelegentlich verwenden. In Abwesenheit von Gravitation ist die Vakuumenergie eine Nullpunktsenergie, weil sie keine oder eben »null« Kontaktpunkte mit irgendetwas hat – mit anderen Worten, weil wir nicht mit ihr wechselwirken. Und doch spüren wir die Auswirkungen ihrer Gravitation. Wo Gravitation im Spiel ist, ist die Vakuumenergie daher kein Nullpunktseffekt mehr.

liegt natürlich darin, dass wir inzwischen die beschleunigte Expansion des Universums beobachtet haben. Irgendetwas muss sie antreiben, und was sollte es sonst sein wenn nicht die Vakuumenergie? Man könnte natürlich die Vakuumenergie auch gleich null setzen, doch damit würden wir dem eigentlichen Problem ausweichen: Warum wird unser Universum unter dem Einfluss der Vakuumenergie nicht viel stärker gekrümmt?

Das Universum kommuniziert mit uns auf vielfältige, kaum merkliche Weisen. Deuten die Rätsel, die sich uns gegenwärtig stellen, auf eine tiefere Wahrheit hin? Die Ausschau nach Anzeichen für eine neue Physik ist stets für alle neuen Entdeckungen von entscheidender Bedeutung gewesen, doch diese einfache und unschuldige Frage stiftet gegenwärtig große Verwirrung in unserer wissenschaftlichen Gemeinschaft. Im vorliegenden Buch habe ich die Geschichte der Gravitation bislang aus der Rückschau erzählt, wobei ich das Privileg hatte, mich auf Jahrzehnte der Forschung stützen und sie aus neuerer Sicht beschreiben zu können. Doch jetzt sind wir im Begriff, unsere Reise jenseits der üblichen Landkarten fortzusetzen. Kapitel 6 und 7 liefern die Landkarte für ein Abenteuer, das gerade erst begonnen hat, eine Suche, bei der wir die Richtung selbst bestimmen können.

KAPITEL 6

Das Graviton: Was für ein Teilchen!?

2021 gab die Europäische Weltraumorganisation (ESA) ihre vierte Astronautenauswahl bekannt. Schon bald wurde ich gefragt, ob ich es noch einmal versuchen wolle. Wenn nicht, könnte ich mein Glück doch in Nordamerika und im Privatsektor versuchen. Besser noch, warum nahm ich die Sache nicht selbst in die Hand und trug auf andere Weise zur Entwicklung der Raumfahrt bei? Warum ließ ich mir von diesem Hindernis meinen Lebenstraum zunichtemachen?

Es war ganz gewiss nicht Trägheit oder mangelndes Interesse. Mir fehlte es auch nicht an Phantasie. Nein, die Antwort ist in der Schönheit des Fallens zu finden. Es geht nicht um die Frage, wie viel Mut und Entschlossenheit erforderlich sind, um ins Leere zu springen, auch nicht darum, wie elegant der Sprung oder wie überwältigend der Blick von oben ist. Entscheidend ist es, zu fallen, durch das Leben und den Himmel, zu fallen, um des Fallens willen, das Gefühl der Schwerelosigkeit zu genießen und gleichzeitig zu wissen, wann es genug, wann es an der Zeit ist, die Reißleine zu ziehen, den Fallschirm zu öffnen und den Rausch des freien Falls in eine andere Richtung zu lenken.

Nach der Diagnose einer latenten Tuberkulose war es Zeit für mich, die Gelegenheit für ein neues Abenteuer zu ergreifen, das einen ganz anderen Weg wies, einen Weg, der so unsicher wie herausfordernd war – genau wie jener, der mich fast in den Weltraum geführt hätte –, aber einen Weg, der mir die Möglichkeit bot, etwas Neues zu entdecken, das die Mühen der Reise wert war.

So weit, so gut

Die allgemeine Relativitätstheorie hatte sich über Dutzende von Größenordnungen bewährt, die Schönheit der Raumzeitstruktur offenbart und Einblick in die tiefsten Grundlagen der Natur gewährt. Wie die Freude des freien Falls kann uns auch die Entdeckung des Universums mithilfe der allgemeinen Relativitätstheorie ein Gefühl solcher Vollkommenheit und Heiterkeit vermitteln, dass wir Gefahr laufen, uns selbst zu verlieren und zu vergessen, was noch kommt. Doch durch die Vorhersage ihres eigenen Scheiterns hat die allgemeine Relativitätstheorie immer deutlich gemacht, dass diese glückselige Reise nicht ewig dauern kann. Was als Nächstes kommt, wird so unvorhersehbar wie herausfordernd sein.

Zum Glück für uns geht unsere Reise weiter. Die allgemeine Relativitätstheorie ist innerhalb des Sonnensystems mit akribischer Genauigkeit überprüft worden und hat sich in unserer unmittelbaren Umgebung als unfehlbarer Führer erwiesen. Doch was geschieht, wenn wir die Komfortzone unseres Heimatsterns, unserer Galaxis oder sogar unserer lokalen Gruppe von Galaxien verlassen? Können wir der allgemeinen Relativitätstheorie vertrauen, wenn wir bis zu den Grenzen unseres Universums reisen?

Die Mehrheit der astrophysikalischen und kosmologischen Gemeinschaft würde das bejahen! *So weit, so gut.*

Tatsächlich hat uns das gegenwärtige kosmologische Paradigma während der letzten zwanzig Jahre ermöglicht, außergewöhnliche Fortschritte in vielen Fragen unseres Universums zu erzielen. Wir konnten erklären, wie sich unser Universum, nachdem ein Sekundenbruchteil seit dem Urknall vergangen war, über Jahrmilliarden weiterentwickelte. Wir konnten vorhersagen, welches Muster das Licht haben muss, das uns vom Nachglühen des Urknalls erreicht. Wir konnten – in vollkommener Übereinstimmung mit heutigen Beobachtungen – die Bildung und Verteilung der Galaxienhaufen sowie die Häufigkeit der Elemente im Universum beschreiben. Doch trotz dieser vielen Erfolge verlangt uns das kosmologische Paradigma einige winzige Opfer ab – ein Dogma, dem wir uns fügen mussten, um weitere Fortschritte zu machen. Bei der Entwicklung unseres kosmologischen Paradigmas mussten wir darauf achten, bestimmte Zutaten zu verwenden und uns an ein besonderes Rezept zu halten:

1. Man wische mit einem feinen Pinsel das Problem der kosmologischen Konstante fort und nehme an, man könne die gravitativen Konsequenzen der Quanten-Vakuumenergie bekannter Teilchen einfach ignorieren, die das Universum sonst auf eine Größe von einem Zentimeter zusammenkrümmen würden.
2. Anschließend fülle man jeden Winkel des Universums mit einer dunklen Form von Energie, einem Fluid, das physikalische Eigenschaften hat, wie wir sie noch nie gemessen haben, und das 70 % der Gesamtenergie des Universums ausmacht.

3. Weiterhin akzeptiere man, dass 95 % unseres Universums für uns unsichtbar sind, dass der größte Teil der Materie parallel zu uns ein geheimes Leben führt.
4. Und zuletzt trage man dafür Sorge, dass die Diskrepanzen zwischen verschiedenen Messungen der Expansionsrate des Universums als unbedeutend behandelt werden – Messungen, die nach allem, was wir wissen, genau sind –, und hoffen, dass sie sich am Ende einfach in Wohlgefallen auflösen werden, obwohl die Chance, diese Unstimmigkeiten seien nur ein Fehler, derzeit kleiner als eins zu drei Millionen ist.

Wenn wir an das gegenwärtige kosmologische Paradigma glauben, nach dem die allgemeine Relativitätstheorie die angemessene Beschreibung auch für die entlegensten Umwelten des Universums ist, obwohl sie bislang durch keine Messungen oder Beobachtungen bestätigt wurde, müssen wir diese Vorgehensweise akzeptieren und die Zutaten als selbstverständlich hinnehmen. Doch was wäre, wenn diese Annahmen über das Ziel hinausschössen? Was wäre – und das mag verrückt klingen –, aber was wäre, wenn es mit der Gravitation in weiträumigen kosmologischen Dimensionen mehr auf sich hätte, als Einsteins allgemeine Relativitätstheorie offenbart? Wenn wir der allgemeinen Relativitätstheorie in unseren kosmologischen Abgründen vertrauen, dann verhalten wir uns vielleicht wie jemand, der erwartet, dass Fische in den tiefsten Regionen des Ozeans das gleiche Aussehen und Verhalten zeigen wie Fische in der angenehmen Wärme tropischer Gewässer. Vielleicht kommt unser betörender Fall an sein Ende, und es wird Zeit, etwas Neues auszuprobieren und in der Gravitation nach neuen Wegen zu suchen. Was könnten wir entdecken, wenn wir uns das trauten?

Gravitation mit Sinn für Humor?

Bei fast jedem wissenschaftlichen Thema gibt es bestimmte Aspekte, in denen sich die wissenschaftliche Gemeinschaft im Allgemeinen einig oder uneins ist, und andere Aspekte, die Kontroversen oder Skepsis hervorrufen. Bisher waren die Gedanken, die ich in diesem Buch dargelegt habe, weitgehend in den »allgemein akzeptierten« Regionen des Wissens-Spektrums angesiedelt. Wenig von dem, was ich gesagt habe, dürfte als strittig oder kontrovers angesehen werden. Das heißt nicht, dass ich alles im Licht der traditionellen Auffassung dargestellt hätte, aber ich habe keine Ansichten vorgebracht, die in der wissenschaftlichen Gemeinschaft nicht konsensfähig gewesen wären. Das wird sich jetzt ändern!

In diesem Kapitel werde ich eine Theorie darlegen, die die oben beschriebenen seltsamen Annahmen ersetzen könnte. Diese Theorie habe ich in Zusammenarbeit mit meinen wunderbaren Kollegen entwickelt, aber sie wird von der Mehrheit der wissenschaftlichen Gemeinschaft nicht als gesichert angesehen. Sogar *ich selbst* bin nicht vollkommen davon überzeugt, dass wir sie akzeptieren sollten. Doch es ist eine Theorie, die es, wie ich glaube, wert ist, weiterverfolgt zu werden, weil es eine Chance gibt – mag sie auch noch so klein sein –, von ihr zu lernen und mit ihrer Hilfe ein besseres Bild der Realität zu gewinnen. Selbst wenn die Theorie scheitert, werden die Einsichten, die wir bei unserer Untersuchung gewinnen, vieles lehren: wie einzigartig die allgemeine Relativitätstheorie ist, was der wahre Ursprung der kosmischen Beschleunigung sein könnte und wie sich die Gravitation erforschen lässt. Vielleicht am wichtigsten: Diese Alternative gibt uns die Möglichkeit, uns neue Fragen zu stellen und die Naturgesetze aus einer anderen Perspektiven zu betrachten.

Einsteins allgemeine Relativitätstheorie beruht auf der Prämisse des Äquivalenzprinzips, das wir in früheren Kapiteln skizziert haben. Nach dem Äquivalenzprinzip sollte alles im Universum auf gleiche Weise an die Gravitation gekoppelt sein und umgekehrt eine ähnliche Auswirkung auf die Struktur der Raumzeit haben. Dieses Prinzip ist der Dreh- und Angelpunkt unseres Problems mit der Kosmologie und der Vakuumenergie, weil es besagt, dass die Vakuumenergie einen Gravitationseffekt hat, und damit festlegt, dass dieser Effekt die Struktur unseres Universums bis zur völligen Unkenntlichkeit verformen würde.

Es ist kein Zufall, dass das Wort »Gravitation« mit dem Wort »gravitätisch« verwandt ist, das ursprünglich so viel wie »ernsthaft« hieß. In den uns vertrauten Größenverhältnissen ist Gravitation ein sehr ernst zu nehmendes Phänomen, das jeden und alles mit der gleichen Bedeutung, Aufmerksamkeit und Hingabe in seinen Bann zieht. Tatsächlich wird Gravitation von Newton wie Einstein als ein Phänomen von unendlicher Reichweite beschrieben, auf das alles mit der gleichen ernsthaften Stärke einwirkt. Während die Intensität der Gravitationsanziehung mit dem Quadrat der Entfernung zwischen zwei Objekten abnimmt, gibt es keine Entfernung, die so groß wäre, dass man die Grativation vollständig loswürde. Zwei Objekte würden, selbst wenn man sie an entgegengesetzte Enden des Universums brächte, im Prinzip noch eine geringe Anziehungskraft aufeinander ausüben. Daraus folgt, dass das gesamte Universum einen Gravitationseffekt auf sich selbst haben sollte, eine Erkenntnis, die den Kern des kosmischen Beschleunigungsproblems betrifft. Wie kann sich die Expansion des Universums mit der beobachteten Rate beschleunigen, wenn eigentlich zu erwarten wäre, dass entweder die Gravitationsanziehung der eigenen Masse sie abbremsen oder die Vakuumenergie sie sehr viel stärker beschleunigen würde? Ohne unnatürliche Feinabstimmungen, durch die wir die Vakuumenergie auf absurd niedrige Werte bringen, erweist sich die Relativitätstheorie als so kompromisslos, dass zwischen diesen beiden Möglichkeiten wenig Raum für Alternativen bleibt.

Aber was wäre, wenn die Gravitation im Grunde nicht ganz so bierernst wäre? Könnte sie im Laufe der vielen Milliarden Jahre ihrer Existenz einen gut versteckten Sinn für Humor entwickelt haben? Und könnte die Gravitation, nachdem sie ihr eigenes Scheitern erfahren musste, einen gesunden Sinn für die eigenen Grenzen entwickelt haben? Was wäre, wenn die Gravitation – in der Erkenntnis, dass ihre Zeit gekommen ist – einfach loslassen könnte? Das könnte erklären, warum eine scheinbar unermessliche Vakuumenergie mit der Entwicklung unseres Universums zu vereinbaren sein könnte. Wir wären nicht gezwungen, die Existenz der Vakuumenergie zu leugnen oder sie auf so unvorstellbar kleine Werte herabzuschrauben. Stattdessen wird der Effekt der Vakuumenergie auf unser Universum durch Vermittlung der Gravitation einfach verringert.

Wenn sich all das etwas unglaubwürdig anhört, seien Sie versichert, dass es Ihnen mit Ihrer Reaktion nicht allein so geht. Schon viele Wissenschaftler haben sich mit der Möglichkeit befasst, dass die Gravitation »loslassen« könnte (genauer, dass sie eine endliche Reichweite habe und nicht mit jedem Objekt gleich stark wechselwirke), aber letztlich ließen sie alle die Idee wieder fallen, weil es sich als sehr schwierig erwies, sie in eine schlüssige Form zu bringen. Um zu verstehen, wie diese Idee einen Sinn ergeben könnte und mit welchen Problemen die Forscher es zu tun bekamen, müssen wir zur verborgenen Kraft der Gravitation zurückkehren.

Wir haben gesehen, dass die Gravitation einerseits der Manifestation der gekrümmten Geometrie in unserer Raumzeit entspricht, dass damit aber auch echte Kräfte einhergehen, die sich in den Gezeiteneffekten zeigen. Diese Kräfte können kaum merklich und sacht sein wie diejenigen, die heute routinemäßig in Gravitationswellen-Observatorien beobachtet werden, oder so spektakulär und tödlich wie diejenigen, die uns zerreißen würden, wenn wir in ein Schwarzes Loch fielen. Diese Kraft wird durch Glicht oder Gravitationswellen übertragen. So wie Lichtwellen oder elektromagnetische Wellen von Licht oder elektromagnetischen Wellen übertragen werden. Dank der Erkenntnisse vieler brillanter Forscher wie Stanley Deser, Richard Feynman und Steven Weinberg wissen wir heute, dass die allgemeine Relativitätstheorie die einzige widerspruchsfreie Möglichkeit ist, masselose Glichtwellen zu beschreiben. Salopp ausgedrückt: Die Forderung, dass Gravitationswellen komplett ernsthaft sind, führt unabänderlich zur allgemeinen Relativitätstheorie, ohne dass das Äquivalenzprinzip dabei auch nur erwähnt wird.

»Leicht wie Glicht« klingt hübsch, fast befreiend. Ich wäre es gern selbst, wenn ich renne, um meinen Bus zu kriegen. Aber leicht zu sein ist nicht immer lustig. Die Abwesenheit von Masse – Masselosigkeit – impliziert, dass Gravitation ein unnachgiebiges Gesetz sein muss, dass sie mit allem auf ewig und strikt wechselwirkt, wobei sie niemals langsamer wird und niemals loslässt. Der Ernst dieses Phänomens ist entscheidend für das Problem der kosmologischen Konstante. Doch wenn die Gravitation loslassen dürfte, müssten wir die Vakuumenergie nicht so ernst nehmen. Die Vakuumenergie würde nur über eine endliche Zeit und eine endliche Entfernung auf das Universum einwirken. Wenn das der Fall wäre, dürfte die Gravitation nicht so leicht sein wie in der allgemeinen Relativitätstheorie; sie dürfte keine unendliche Reichweite haben, sondern sie müsste *massiv* sein.

Die Vorstellung, die Gravitation besäße selbst eine Masse – sie sei in diesem Sinne massiv –, mag zunächst paradox erscheinen. Massive Objekte assoziieren wir in der Regel mit der Erzeugung eines Gravitationsfeldes, denken aber nicht, das Gravitationsfeld selbst sei massiv. »Massiv« zu sein bedeutet in diesem Kontext einfach, dass Glicht oder genauer die Teilchen, die Glicht ausmachen, eine träge Masse haben (wie im ersten Kapitel erörtert), aber nicht, dass die Gravitation riesig ist oder dass die Masse der Gravitation sich selbst anzieht.[33] Ein Element mit größerer *träger Masse* ist schwieriger zu bewegen; es ist *träger*. Infolgedessen ist ein massives Graviton (wie in der »massiven Gravitation«) nicht so bestrebt, sich zu bewegen, und ermüdet auch leichter als ein masseloses Graviton (wie in der allgemeinen Relativitätstheorie). Wie eine Kugel und eine Kette an Ihrem Bein Ihren Bewegungsradius einschränken, hätte die Ausstattung der Gravitation mit träger Masse Einfluss darauf, wie lange und über welche Entfernungen hinweg die Gravitationskraft ihren Einfluss ausüben könnte. Wenn die Gravitation eine geringe träge Masse hätte, wäre sie gezwungen, irgendwann innezuhalten und loszulassen. Sie hätte eine endliche Reichweite. Ihr versteckter »Sinn für Humor«

---

33 Selbst in der allgemeinen Relativitätstheorie wirkt sich Glicht auf die Krümmung der Raumzeit um sich herum aus (ein Phänomen, das als gravitative Rückwirkung bekannt ist), daher kommt es schon in der Relativitätstheorie dazu, dass sich die Gravitation selbst anzieht (mit sich selbst wechselwirkt), wobei dieser Effekt, massive Gravitation hin oder her, in der Regel sehr klein ist. In der massiven Gravitation tritt das gleiche Phänomen in den meisten Situationen mit ähnlichen Auswirkungen auf.

gäbe ihr Gelegenheit, sich zu entspannen. Dann wäre die Beschleunigung des Universums weit weniger dramatisch, als von der allgemeinen Relativitätstheorie vorhergesagt, und unsere Beobachtungen stünden möglicherweise mit den Vorhersagen der Teilchenphysik in Einklang.

Tatsächlich kommt es häufig in der Natur vor, dass eine Kraft Masse hat. Sonst wären wir nicht hier. Nehmen wir beispielsweise die schwache Kernkraft, die, wie ihr Name sagt, schwach ist. Die schwache Kraft ist von entscheidender Bedeutung für das Leben. Sie ist mitverantwortlich für die Kernfusion, nämlich dafür, dass Protonen zu schwerem Wasserstoff und letztlich zu Helium werden. Diese Kernfusion ist die Kraftquelle der Sonne. Weitere Auswirkungen dieser schwachen Kraft nutzen wir regelmäßig für eigene Zwecke, etwa in der medizinischen Positronen-Emissions-Tomographie (PET), die sorgfältig den Zerfall verschiedener in den Körper injizierter Isotope aufzeichnet und so eine exakte medizinische Bildgebung ermöglicht.

Wenn Sie kein Fachmann für nuklearmedizinische Bildgebung oder für nukleare Astrophysik sind, ist es verzeihlich, dass Ihnen das Gebiet der schwachen Kraft etwas fremd ist. Eben weil diese Kraft *schwach* ist, sind wir mit ihr weniger vertraut als mit ihrem Vetter, dem Elektromagnetismus. Die Schwäche dieser Kraft steht in direkter Beziehung zu dem Umstand, dass die Teilchen, die sie vermitteln, die sogenannten W- und Z-Bosonen, ziemlich massereich sind. Diese Teilchen wurden neben anderen in den 1960er Jahren von Abdus Salam vorhergesagt, einem der Väter des Standardmodells der Teilchenphysik und einem der Gründer der Theoretical Physics Group an meiner Hochschule, dem Imperial College London. Seine Entdeckungen, für die er 1979 zusammen mit Steven Weinberg und Sheldon Glashow den Nobelpreis erhielt, waren eine entscheidende Voraussetzung für die Entwicklung des Standardmodells und die Erkenntnis, dass Kräfte massiv sein können oder, anders gesagt, dass krafttragende Teilchen Masse haben können. Zufälligerweise war Salam auch der erste wissenschaftliche Nobelpreisträger aus einem islamischen Land.

1964 – in dem anderen Wunderjahr – entdeckte Sir Tom Kibble, ein weiterer Professor am Imperial College, parallel zu einigen oben bereits erwähnten Forschern, wie die Bosonen ihre Masse erwerben können. Im selben Jahr fanden mindestens sechs Forscher fast gleichzeitig heraus, dass es ein neues Teilchen geben musste, das den krafttragenden Teilchen Masse verlieh, und sagten das Higgs-Teilchen, wie es heute heißt, voraus (siehe Kapitel 5). Später wies Kibble nach, dass die Massen der Bosonen untrennbar mit der Symmetriebrechung verknüpft sind und warum Bosonen wie das Photon masselos bleiben konnten.

Um den Begriff der Symmetriebrechung zu verstehen, stellen Sie sich vor, sie laufen Schlittschuh auf einem zugefrorenen See, der vollkommen kreisförmig und von einem Wald umgeben ist. Auf dem See können Sie in jede beliebige Richtung laufen – Norden, Süden, Osten oder Westen. Denn alle Richtungen sind äquivalent und in diesem Sinne »symmetrisch«. Wenn Sie in der Mitte des Sees stehen, befinden sie sich an einer vollkommen symmetrischen Stelle: Mit dem See im Vordergrund und dem Wald im Hintergrund wird, egal, wohin Sie blicken, alles absolut gleich aussehen. Stellen Sie sich nun vor, der See sei von einer Eispiste umgeben, die dem Umfang des Sees folgt, aber mit an beiden Seiten nach oben gebogener Eisfläche wie eine Bobbahn. Wenn Sie sich auf dieser Bahn befinden, können sie sich frei entlang des Umfangs bewegen, aber die hochgebogenen Ränder hindern Sie daran, den Kurs zu ändern oder gar zu dem Punkt der perfekten Symmetrie in der Mitte des Sees zu gelangen. Jetzt ist die Symmetrie gebrochen: Wenn Sie nach links blicken, sehen Sie den See; wenn Sie nach rechts blicken, sehen Sie den Wald und sonst nichts.

Was hat diese Eislaufanalogie mit der Teilchenphysik zu tun? Am Anfang unseres Universums waren alle Teilchen Teil ein und desselben hochsymmetrischen Zustands. Diese Teilchen waren praktisch masselos, da sie keine Energie brauchten, um sich in irgendeine Richtung zu bewegen. Als das Universum abkühlte, entwickelte sich sein »Vereisungsmuster«, und heute hat es große Ähnlichkeit mit der Bahn, die den See umgibt. Wir können – wie die Photonen – mühelos der Bahn folgen, während es viel schwieriger ist, die Begrenzung hochzulaufen, weil das Energie/Masse kostet. Diese Erfahrung machen die W- und Z-Bosonen.

Heute haben wir direkte Beweise dafür, dass das Higgs-Boson dieses Bobbahn-ähnliche Gebilde mit seinen hochgebogenen Rändern angelegt und so den W- und Z-Bosonen eine Masse verliehen hat. Damit hat das Higgs-Boson die Symmetrie der elektroschwachen Kraft gebrochen und begrenzt auf diese Weise die Reichweite der schwachen Kraft. Ohne die Higgs-Bosonen besäßen die W- und Z-Bosonen so wie das Photon keine Masse, und die »schwache« Kraft wäre gar nicht mehr so schwach, sondern von unendlicher Reichweite. Das hätte kataklysmische Folgen, denn es untergrübe die gesamte Kernphysik, wie wir sie kennen, mit Auswirkungen auf das Wasserstoffbrennen in der Sonne – das gesamte Sonnensystem käme durcheinander. Wir können dem Higgs-Boson dafür danken, dass es als eine Art Begrenzungskleber fungiert und die W- und Z-Bosonen daran hindert, sich sehr weit oder sehr lange auszubreiten, und damit für die Schwächung der durch sie vermittelten Kraft sorgt.

Wenn Glicht eine Masse hätte, müsste sie viel leichter sein als die des W- oder Z-Bosons, denn sonst würde die Gravitation bereits auf den Längenskalen der Atomkerne aufgeben. Doch wäre die Gravitation leicht genug, könnte ihre Reichweite lang genug sein, um sich im Großen und Ganzen genauso wie in der Relativitätstheorie zu verhalten, solange es um Entfernungen geht, mit denen wir vertraut sind – ob auf der Erde, in unserem Sonnensystem, in unserer Galaxie oder sogar innerhalb von Galaxienhaufen. Alles würde bei diesen Größenverhältnissen ungefähr gleich aussehen. Nur über große Entfernungen, über Dutzende Milliarden Lichtjahre, über Entfernungen so groß wie unser Universum, würden die Auswirkungen ihrer Masse zum Tragen kommen und das Verhalten der Gravitation verändern. Die Wirkung der Vakuumenergie über so große Entfernungen und so lange Zeiträume würde durch die Schwächung der Gravitation hinreichend gebändigt werden. Das hätte zur Folge, dass die wahre Vakuumenergie zwar so groß sein könnte, wie die Teilchenphysik vorhersagt, dass ihr Effekt in kosmischem Maßstab aber hinreichend verringert wäre, um mit dem Universum, wie wir es gegenwärtig beobachten, in Einklang zu sein.

Diese verlockende Möglichkeit würde uns in die Lage versetzen, unsere in der Teilchenphysik gewonnenen Erwartungen mit der Gravitation in Übereinstimmung zu bringen und zugleich für die beschleunigte Expansion des Universums eine natürliche Erklärung zu finden, ohne die Existenz einer neuen, das Universum füllenden dunklen Energie postulieren zu müssen. Das war zumindest die ursprüngliche Idee, die unserer auf die Erkenntnisse vieler bedeutender Forscher gestützte Arbeit über massive Gravitation zugrunde lag. Die moderne Fassung der massiven Gravitation ergab sich 1999 aus einer Fülle neuer Entwicklungen, die durch die sensationelle Entdeckung der kosmischen Beschleunigung ausgelöst wurden. Massiv zu sein (zumindest in geringem Maße) ist ein positiver Aspekt, der der Gravitation ermöglicht, eine Pause einzulegen und sich auf einer Reise von etlichen Jahrmilliarden zu entspannen. Sie mögen das Faulheit oder Erschöpfung nennen, ich halte es eher für gewitzt. Sie hat uns auf vielfältige Weise an der Nase herumgeführt, und während wir uns bisher von ihrer Symmetrie und inneren Schönheit blenden ließen, sollten wir uns jetzt mit dem Insider-Witz beschäftigen, den sie schon immer in ihrem Inneren verbarg.

Der Geist der massiven Gravitation

Während das Interesse an der massiven Gravitation erst in den letzten Jahren zugenommen hat, ist die Idee selbst fast so alt wie die allgemeine Relativitätstheorie. Der Gedanke, dass Teilchen, die eng mit dem Graviton verwandt sind, eine Masse tragen könnten, geht auf Wolfgang Pauli zurück, den österreichisch-schweizerischen Physiker, der 1933 nachwies, dass nach der allgemeinen Relativitätstheorie die zu erwartende Vakuumenergie des Elektrons dramatische Auswirkungen auf das Universum hätte.

1939 untersuchten Pauli und sein ehemaliger Student Markus Fierz, welchen Effekt der Spin eines Teilchens hat. Spin bezeichnet hier die innere Rotation eines Objekts; so rotiert die Erde, während sie die Sonne umkreist, um ihre eigene Achse. Diese Bewegung nennen wir Drehimpuls, und Spin ist der Drehimpuls, den ein einzelner Körper hat, auch wenn sein Massenschwerpunkt in Ruhe ist. Interessanterweise haben viele fundamentale Teilchen einen winzigen quantisierten Spinbetrag. Pauli war entscheidend an der Einführung des Spinbegriffs in die Quantenmechanik beteiligt.

Der Spinbegriff wird manchmal in Verbindung mit dem (quantisierten) Drehimpuls eines Teilchens eingeführt, also mit der Frage, wie schnell ein Teilchen rotiert. Diese Beschreibung ist richtig, wenn es sich um große Drehimpulse handelt, aber uns interessiert der Umstand, dass der Spin eine Möglichkeit ist, das Verhalten eines Teilchens zu beschreiben. Wie die träge Masse bestimmt, welche Reaktion das Teilchen zeigt, wenn wir es bewegen, so beschreibt sein Spin, wie es reagiert, wenn wir es drehen. Betrachten wir zum Beispiel einen perfekten Tischtennisball. Wenn wir ihn um seine Achse drehen, wird er immer gleich aussehen. Egal, wie wir ihn hin- und herwenden, er wird uns immer einen identischen Anblick bieten. Wenn ein Teilchen unter jeder Raumzeitrotation gleich aussieht, sprechen wir von einem Spin 0. Nehmen wir nun einen vollkommen kugelförmigen Apfel, der oben einen Stängel hat. Wenn wir den Apfel umdrehen, wird der Stängel unten sein und nicht gleich aussehen. Um den Stängel wieder oben zu sehen, müssen wir den Apfel von seinem Ausgangspunkt einmal vollständig um 360 Grad drehen. In der Sprache der Quantenphysik hat er dann den Spin 1.[34] Das Higgs-Boson ist ein Beispiel für ein (massives) Spin-0-Teilchen, während das

34 Genauer, der Apfel oder das Teilchen haben die Helizität 1 entlang der spezifischen Rotationsachse, und sie können immer noch die Helizität 0 haben, wenn wir sie in eine andere Richtung drehen. Doch die Fähigkeit des Apfels oder Teilchens, es entlang einer Rotationsachse bis zur Helizität 1 zu bringen (und nicht zu einer höheren), bedeutet, dass es sich um ein Spin-1-Teilchen handelt.

Photon ein Beispiel für ein masseloses Spin-1-Teilchen ist. Die Träger der schwachen Kernkraft, die W- und Z-Bosonen, sind massive Spin-1-Teilchen.

Das Graviton ist ein Teilchen mit noch mehr Spin. Es hat den Spin-2, den doppelten Betrag des Drehmoments eines Photons. Es sieht nach einer halben Drehung (um 180 Grad) wieder gleich aus. Nach der allgemeinen Relativitätstheorie ist das Graviton ein masseloses Spin-2-Teilchen. Wir haben in Kapitel 3 gesehen (vgl. Abbildung 3.3), dass masselose Spin-2-Wellen, die wir Glicht nennen, in zwei verschiedenen Polarisationsarten vorkommen. Tatsächlich gibt die Polarisation schlicht an, in welche Richtung der Spin zeigen kann.

Fierz und Pauli wollten herausfinden, wie sich Teilchen mit beliebigem Spin beschreiben lassen. Über Teilchen mit Spin 0, Spin ½ und Spin 1 wusste man bereits ziemlich gut Bescheid, daher wandten sie ihre Aufmerksamkeit dem Spin 3/2 und Spin 2 zu, wobei sie bei jedem Spin die Möglichkeit einer trägen Masse gleich null und ungleich null berücksichtigten. Ihnen ging es in ihrer Untersuchung nicht darum, die allgemeine Relativitätstheorie infrage zu stellen oder sogar nach Alternativen zu suchen, sondern einfach darum, eine schlüssige Klassifizierung aller möglichen Teilchenarten zu finden, die sich dazu eignete, die Natur und ihre Eigenschaften zu beschreiben. Sie erkannten, dass massive Spinzwei-Wellen in sechs verschiedenen Polarisationen vorkommen konnten, wie die Abbildung 6.1 zeigt. Die ersten beiden Polarisationen wurden oben bereits erörtert. Sie sind in der allgemeinen Relativitätstheorie beschrieben und wurden von den Gravitationswellen-Observatorien beobachtet. Fierz und Pauli konnten sehen, dass die anderen vier Polarisationen (die beiden ±1-Moden, die Atmungsmode und die longitudinale Mode) nur möglich waren,

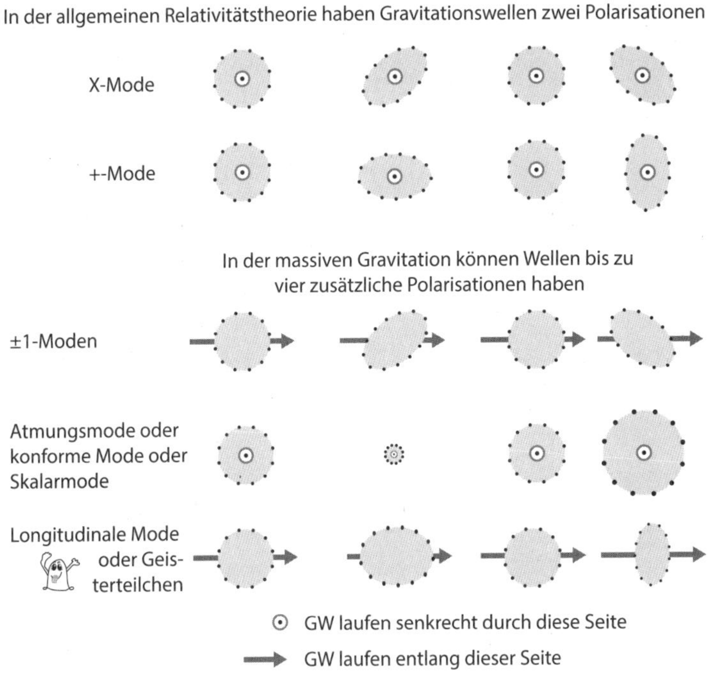

ABBILDUNG 6.1. Alle denkbaren Polarisationen, die massive Gravitationswellen aufweisen können. Stellen Sie sich die Punkte als einzelne Perlen vor, die ursprünglich kreisförmig angeordnet waren. Wenn Sie eine Gravitationswelle durchquert, verzerrt sie die Raumzeit zwischen den Perlen und vermittelt den Eindruck einer leicht veränderten Form. Der Pfeil gibt die Ausbreitungsrichtung der Gravitationswelle an. Das Symbol ⊙ steht dafür, dass die Welle direkt senkrecht durch die Buchseite hindurch läuft. Zur Verdeutlichung sind diese Wellen mit einer unrealistisch großen Amplitude von etwa 0,5 abgebildet, damit wir eine Vorstellung von ihren Effekten bekommen. *Quelle:* Claudia de Rham, »Massive Gravity«, *Living Reviews in Relativity*, 17, Nr. 1, 2014, S. 7.

wenn die Spin-2-Teilchen eine nicht-verschwindende träge Masse hatten. Die meisten dieser Polarisationen setzen voraus, dass das Graviton schneller oder langsamer wird, aber da das Graviton im masselosen Fall (wie in der allgemeinen Relativitätstheorie) gezwungen ist, sich mit Lichtgeschwindigkeit auszubreiten, steht es ihm nicht frei, sich entlang dieser anderen vier Polarisationen zu bewegen. Wenn das Graviton aber massiv wäre, dann könnte Glicht alle Arten neuer Polarisationen annehmen.

Wäre die Natur eine Eisdiele, wäre der Umstand, dass sie mehr Geschmackssorten zur Auswahl hat, ein Grund zur Freude und Zufriedenheit, wenn es unter den zur Verfügung stehenden Geschmackssorten nicht eine gäbe, die so widerlich wäre, dass es sie unter allen Umständen zu vermeiden gilt. Dann sollten Sie Vorsicht walten lassen bei Ihrer Wahl! Genau das ist der Fall bei den massiven Spin-2-Sorten. In der Eisdiele der Natur müssen Sie sich die beiden ±1-Polarisationen als neue exotische und zarte Geschmacksrichtungen vorstellen: Sie wirken auf Entfernungen sowohl entlang der Ausbreitungslinie sowie entlang der zu ihnen senkrechten Fläche. Diese Moden sind relativ harmlos und schwer zu entdecken. Eine andere von massiven Spin-2-Teilchen getragene Mode, der wir schon oben in Kapitel 3 begegnet sind, ist die sogenannte Atmungs- (oder konforme) Mode. Diese neue Geschmacksrichtung ist in nicht zur allgemeinen Relativitätstheorie gehörigen Eisdielen häufig. Würden Sie Perlen zu einem Kreis anordnen – in Abbildung 6 durch Punkte dargestellt –, würden die Perlen, wenn eine neue Glicht-Sorte hindurchkäme, immer noch einen Kreis bilden, aber der gesamte umschlossene Bereich würde schwingen. Zwar ist die Atmungsmode immer noch schwerer zu entdecken als die Standardpolarisationen, aber sie erzeugt viele interessante Signaturen der massiven Gravitation, mit denen wir uns in Kapitel 7 befassen werden. Zuvor müssen wir noch eine letzte Mode erwähnen. Tatsächlich sollten wir uns vor ihr fürchten! Das ist die »longitudinale« Mode oder *der Geist der massiven Gravitation*!

Der Begriff »Geist« (oder »Geisterteilchen«) scheint einem billigen Science-Fiction-Roman entnommen zu sein, ist aber die anerkannte wissenschaftliche Terminologie. In der Physik sind Geisterteilchen mit negativer Energie, die mit der fundamentalen Struktur von Raum und Zeit nicht in Einklang zu bringen sind. Denn es gibt ein Problem: Sobald wir in unserem Bild vom Universum Geistern Zutritt gewähren, kann ein gesundes, normales Teilchen sich dadurch Energie verschaffen, dass es sich einfach die erforderliche Menge aus dem unerschöpflichen Vorrat an Geistern mit negativer Energie »borgt«. Wer könnte der Versuchung widerstehen? Das würde bedeuten, dass Elektronen nicht mehr friedlich an ihrem Platz in der Umgebung des Atomkerns blieben, sondern sich stattdessen nach Belieben in angeregte Zustände bringen könnten, indem sie sich von Geisterteilchen unbegrenzt Energie ausleihen. Die Quarks im Inneren aller Atomkerne würden es ihnen nachmachen und die Struktur der Materie zerstören. Bevor Sie es merkten, würde jedes Teilchen in Ihrem Körper, jedes Teilchen im Sonnensystem und das Gefüge der Raumzeit, das das Universum zusammenhält, ihrem Beispiel folgen und auf seinem Weg alles zerstören, was wir kennen. Vermutlich hatte ich in meinen jüngeren Jahren keinen besonders ausgeprägten Überlebensinstinkt, was mich zu vielen waghalsigen Unternehmungen verführte, aber die Geisterteilchen jagen mir Schrecken ein.[35]

---

35 Diese Instabilität ist nicht zu vergleichen mit der einfachen sogenannten tachyonischen Instabilität. Zu tachyonischen Instabilitäten kommt es beispielsweise im Higgs-Potenzial während einer Übergangsphase oder, wie wir früher sagten, einer Veränderung in der »Eisstruktur«. Im Vergleich zu Geisterteilchen sind tachyonische Instabilitäten relativ harmlos; sie stellen lediglich eine Veränderung des Zustands beziehungsweise des Vakuums dar. Geister dagegen entsprechen dem Fehlen eines stabilen Vakuums und würden zum augenblicklichen Zerfall aller bekannten Teilchen führen.

Geister sind zugleich faszinierend und erschreckend, aber vor allem gibt es sie im Grunde nicht (das erzähle ich zumindest meinen Töchtern und mir, wenn ich sie zu Bett bringe). 1939 erkannten Fierz und Pauli bei ihrer Untersuchung, dass die Gleichungen für massive spinbehaftete Teilchen sorgfältig aufgebaut sein müssen, um die Geisterteilchen auszutreiben. Gäbe es das Geisterteilchen (oder die longitudinale Mode), entspräche es einer Welle, die langsam Geschwindigkeit aufnimmt und dann wieder langsamer wird, wobei sie mit der Frequenz der Welle schneller und langsamer schwingt [19]. Wenn Glicht keine Masse hat, breitet es sich im Vakuum immer genau mit 299 792 458 m/s in allen Bezugssystemen aus, weshalb die Beschleunigung und Verlangsamung entlang der Muster dieser longitudinalen Mode unmöglich ist. Infolgedessen trieb Einstein den Geist unwissentlich aus, indem er eine Gravitationstheorie mit unendlicher Reichweite entwickelte, die die Bedingungen der speziellen Relativitätstheorie erfüllte.

In der massiven Gravitation braucht Glicht sich nicht mehr mit Lichtgeschwindigkeit auszubreiten, daher *können* die furchterregenden longitudinalen Schwingungen auftreten. Während sie von einer Geschwindigkeit zur anderen übergehen, wird der Zeitfluss nicht-trivial verzerrt. Beginnt man, an der Zeit herumzupfuschen – wie es die longitudinale Welle macht, wenn sie ständig zwischen Beschleunigung und Verlangsamung schwankt –, dann pfuscht man auch an der Energie herum, die dann negativ werden kann. Je stärker sich diese longitudinale Polarisation beschleunigt oder verlangsamt, desto negativer wird die Energie. Und genau hier kommen die Geister ins Spiel.

Das mag alles ein wenig übernatürlich klingen, aber die mathematische Beschreibung dieser Geisterteilchen war schon vor mehr als acht Jahrzehnten wohlbekannt, als Fierz und Pauli sie bei ihrer Beschreibung von Spin-2-Teilchen bewusst vermieden. Doch Fierz und Pauli wollten Teilchen klassifizieren, nicht eine eigene Gravitationstheorie vorschlagen: ihr Spin-2-Feld sollte nicht die Struktur der Raumzeit bestimmen und festlegen, wie die Krümmung alles erfasst, was sich in ihrem Einflussbereich befindet. Versucht man, aus diesen Ideen eine komplette Relativitätstheorie zu formen, steht man vor einem schwierigen Problem. So stellt man bei der Entwicklung der Theorie fest, dass das Spin-2-Teilchen nicht einfach sein eigenes, isoliertes Leben führt. Vielmehr ist es, in der Krümmung der Raumzeit verborgen und mit allem anderen im Universum verbunden, die lebendige Seele der Gravitation. Daraus folgt, das die Spin-2-Teilchen nicht nur in sich widerspruchsfrei sein, sondern auch intakt bleiben müssen, egal, wie oft sie von anderen Teilchen angerempelt werden, und egal, wie verkrümmt und verzerrt die Raumzeit wird, sodass in all diesen Situationen die Abwesenheit von Geisterteilchen garantiert ist. Und das ist der Punkt, an dem die Idee der massiven Gravitation scheiterte, weil die Forscher es für eine unlösbare Aufgabe hielten. Nicht, dass man nicht versucht hätte, eine solche Idee zu entwickeln; ganz im Gegenteil, aber jeder Versuch schien dem Untergang geweiht. Von Misserfolgen entmutigt, bewiesen einige Väter der modernen Gravitationstheorie eine Reihe sogenannter No-go-Theoreme, die angeblich mit absoluter Gewissheit zeigten, dass massive Gravitation nicht zu verwirklichen war, ohne fürchterliche Geister heraufzubeschwören. Und diese Unmöglichkeit wurde bis Mitte der 2000er Jahre wieder und wieder bewiesen.

Als ich mit meiner Promotion begann, war dieses Ergebnis so tief in unserem Gravitationsverständnis verwurzelt, dass ich nie auf die Idee gekommen wäre, es in Zweifel zu ziehen. Ich hatte nicht vor, an feststehenden Resultaten zu rütteln. Schließlich hatte ich als Frau, die unmöglich die Antwort auf irgendeine vernünftige Frage wissen konnte, Besseres zu tun, als mich an Unmöglichem zu versuchen und damit meine Vertreibung aus der Gemeinschaft der theoretischen Physiker zu beschleunigen. Stattdessen begann meine Reise zu dieser aufrührerischen Idee während meiner Arbeit über die Idee von Extradimensionen des Raums, ziemlich großen Extradimensionen.

Von Extradimensionen zu massiven Gravitonen

Wenn Sie auf einem Bahnsteig stehen und auf Ihren Zug warten, wissen Sie, dass er nur von links oder rechts kommen kann. Eine andere Möglichkeit gibt es nicht. Züge sind auf ihre Gleise beschränkt und leben in einer eindimensionalen Welt. Doch wenn Sie sich auf einem Boot befinden und wissen, wie man sich die Winde zunutze macht, haben sie mehr Freiheiten. Sie können vorwärts- oder rückwärtssegeln, nach links oder nach rechts; Boote leben in einer zweidimensionalen Welt. Das Fliegen erschließt noch eine weitere Dimension: Höhe. Flugzeuge leben in einem dreidimensionalen Raum. Wenn es eines gibt, was ich noch lieber täte, als den Weltraum zu erobern, wäre es die Reise in eine andere Dimension. Natürlich würde ich mir zuerst wünschen, in der Zeit vor- und zurückzureisen – die vierte Dimension. Leider ist auch das unmöglich. Also bleibe ich zur Abwechslung einmal vernünftig und wünsche mir lediglich, in eine andere Raumdimension zu reisen.

Die Möglichkeit von zusätzlichen Raumdimensionen lässt sich nicht gänzlich ins Reich der Science-Fiction verbannen. Erstmals kam die Idee zu Beginn des 20. Jahrhunderts auf und wurde dann dank einiger bahnbrechender Entwicklungen in den Stringtheorien und Supergravitationstheorien Ende der 1980er, der 1990er und der 2000er Jahren wieder aktuell. Diese supersymmetrischen Theorien entstanden im Zuge der Suche nach einer »großen vereinheitlichten Theorie« – aus moderner Sicht der Vervollständigung der Gravitationstheorie bei höchsten Energien, gültig über die Planck-Skala hinaus. Der ehrgeizigste Ansatz, die Stringtheorie, beschrieb die Gravitonen als Quanten-Schwingungen auf fundamentalen Strings, aus denen Raum und Zeit bestehen. Tatsächlich sind die Strings der Stringtheorie die fundamentalen Fäden, aus dem das Geflecht von Raum und Zeit gewirkt ist. Basierend auf bahnbrechenden Arbeiten von Michael Green und John Schwarz in den 1980er Jahren wurden mehrere Arten von Stringtheorien entwickelt, jede potenziell in der Lage, die Gravitation auf Quantenebene zu beschreiben. Bei niedrigen Energien war jede Stringtheorie ununterscheidbar von einer bestimmten Erweiterung der allgemeinen Relativitätstheorie, der Supergravitation, in der das masselose Spin-2-Graviton durch einen fermionischen Partner mit Spin 3/2 ergänzt wird. Interessanterweise hatten sie alle eine ungewöhnliche Eigenschaft gemeinsam: Um widerspruchsfrei zu sein, brauchten all diese verschiedenen Stringtheorien noch die Existenz von zusätzlichen Raumdimensionen – zusätzlich zu den drei unserer Alltagserfahrung. In diesem Punkt schien es keine Alternativen zu geben!

Der Begriff der zusätzlichen Raumdimensionen wurde erstmals 1919 von Theodor Kaluza vorgeschlagen, nur vier Jahre nachdem Einstein die endgültige Version der allgemeinen Relativitätstheorie veröffentlicht hatte. Es war ein ehrgeiziger und eleganter Versuch, die Kräfte der Gravitation und des Elektromagnetismus zu vereinheitlichen. Späteren Arbeiten von Oskar Klein folgend, hielt man diese Zusatzdimensionen im Allgemeinen für aufgewickelte kleine und kompakte Bündel, so klein, dass wir sie im Alltag nicht wahrnehmen. In den 1980er Jahren versuchten die Theoretiker, für Stringtheorie und Supergravitation mit einem ähnlichen Kaluza-Klein-Mechanismus zu erklären, warum wir die fehlenden Extradimensionen bisher noch nicht gesehen haben. Das blieb ungefähr fünfzehn Jahre lang das Standardbild.

Als ich mit meiner Promotion begann, zeichnete sich eine neue Möglichkeit ab, die aufregender und besser überprüfbar war: Neben diesen kleinen, kompakten Extradimensionen konnte es zumindest eine »große« Extradimension geben. Diese Idee fußte auf jüngeren Entwürfen einer von Edward Witten vorgeschlagenen neuen, vereinheitlichten Theorie, der sogenannten M-Theorie, die möglicherweise die bis dahin entdeckten Arten von Stringtheorien vereinheitlichen und in Einklang bringen konnte. (Die Bezeichnung »M« steht angeblich für »Mutter«, »Magie«, »Mysterium«, »Membran« oder möglicherweise für etwas ganz anderes.) Während die Superstringtheorie neun Raumdimensionen (zehn der Raumzeit) brauchte, postuliert die M-Theorie eine elfdimensionale Raumzeit. Das ist die höchste Dimensionenzahl, die für Supergravitationstheorien erlaubt ist. Die Möglichkeit zumindest einer ausgedehnten Extradimension erregte das Interesse vieler Physiker.

Diese Ideen waren so einflussreich, dass sie die meisten theoretischen Entwicklungen anregten, an denen heute noch gearbeitet wird, etwa den von Juan Maldacena entwickelten vielversprechenden Ansatz der Holographie, der Verbindung von Gravitationstheorien mit Nicht-Gravitationstheorien in niedrigeren Dimensionen. Große Extradimensionen wurden ebenfalls als eine potenzielle Lösung des sogenannten Hierarchieproblems vorgeschlagen, nämlich der Frage, warum die Gravitation uns so viel schwächer erscheint als die anderen Kräfte. In diesen Modellen wäre unser ganzes Universum auf eine »Bran« (Membran beziehungsweise Fläche) eingeschränkt, die in die große Extradimension eingebettet wäre. Alles einschließlich des Lichts könnte sich lediglich in dieser Fläche bewegen (wie Züge auf ihren Schienen), aber die Gravitation könnte sich ungehindert in die Extradimension hinein ausbreiten, was ihr abweichendes Verhalten erklären würde. Einer der interessantesten Vorschläge war die Idee, dass sich die kosmische Evolution, also die gesamte Geschichte unseres Universums, aus der Bewegung ergeben könnte, die diese Bran entlang der Extradimension ausgeführt hat.

Als ich an meiner Doktorarbeit saß, hatte ich das Glück, dass ich mich zusammen mit Neil Turok und Anne Davis einem besonderen Aspekt dieser Ansätze widmen konnte, bevor ich mich der Gruppe von Robert Brandenberger an der McGill University anschloss. Diese drei Forscher*innen hatten einige sehr neue und anregende Ideen über die Frage nach dem Ursprung des Universums und dem Grund, warum wir nur drei Raumdimensionen sehen. Durch zwei andere wunderbare Physiker, Justin Khoury und Cliff Burgess, fand ich dann eine Anstellung an der McMaster University und dem Perimeter Institute for Theoretical Physics. Diese Forscher lehrten mich fast alle wichtigen Aspekte der Gravitation und brachten mir bei, wie sie in den Rahmen einer Feldtheorie einzubetten sind. Dabei wurden wir sehr stark von den Überlegungen des Nobelpreisträgers Steven Weinberg beeinflusst, der 2021 starb. Von den Modellen der »supersymmetrischen großen Extradimensionen« (*supersymmetric large extra dimensions* oder SLED), die von Cliff und Mitarbeitern entwickelt wurden, bis zur maßgeblich von Justin und Kollegen ausgearbeiteten »Degravitation« lebten wir in spannenden und aufregenden Zeiten, in denen sich die wissenschaftliche Gemeinschaft nicht scheute, jedem möglichen Aspekt der Gravitation samt seinen Verbindungen zur Teilchenebene nachzugehen, um unser Universum besser zu verstehen. Vor der Entdeckung des Higgs-Bosons schlugen wir sogar ein Modell vor, in dem wir diesem Teilchen einen besonderen Platz in der Extradimension einräumten, weil wir hofften, so dem Hierarchie-Problem auf die Spur zu kommen.

Außerdem fielen diese aufregenden Zeiten mit dem Ende meines Astronautentraums zusammen. Als ich aus ihm erwachte, war es an der Zeit, mich ganz auf meine Forschungslaufbahn zu konzentrieren. Ich wusste, dass ich dort nur etwas erreichen konnte, wenn ich mich weiterentwickelte und meine Unabhängigkeit bewies. Daher beschloss ich, mich einem neuen Extradimensionsmodell zu widmen, das ich in der Hoffnung entworfen hatte, einige Merkmale der Degravitation verwenden zu können, die Justin einst vorgeschlagen hatte, und mich zugleich auf die von Cliff und Kollegen im Rahmen von SLED gewonnenen Erkenntnisse zu stützen. Nachdem ich etwa ein halbes Jahr an dem Projekt gearbeitet hatte, bot sich mir 2009 die Möglichkeit, meine unveröffentlichten Ergebnisse auf der jährlichen Conference on Particle Physics and Cosmology (COSMO) zu präsentieren, einer der größten Konferenzen unseres Forschungsfelds, die am CERN (Conseil Européen pour la Recherche Nucléaire) in Genf stattfand. Ich brannte darauf, meine Arbeit vorzustellen, sah aber auch mit Freude einigen Rednern der Konferenz entgegen, unter anderem meinen Partnern Andrew Tolley und Gregory Gabadadze von der New York University (NYU), die beide am Schlusstag der Konferenz hintereinander Plenarvorträge halten sollten (Abbildung 6.2).

ABBILDUNG 6.2. Die Kollegen Gregory Gabadadze (*oben*) und Andrew Tolley (*unten*), mit denen ich die Theorie der massiven Gravitation entwickelt habe. *Quelle:* Simons Foundation (Foto von Gregory Gabadadze).

Am Vorabend ihrer Vorträge sah ich noch einmal das Programm des nächsten Tages durch, um herauszufinden, was noch angeboten wurde. Im ursprünglichen Programm war Gregorys Vortrag noch mit dem Kürzel TBA (*to be announced*, wird noch bekannt gegeben) aufgeführt gewesen, das war aber kürzlich verändert worden, und der Titel hörte sich zu meiner Überraschung verdächtig vertraut an. Augenblicklich wechselten Andrew und ich auf arXiv – eine Website, auf der man wissenschaftliche Artikel postet –, weil wir wissen wollten, ob es irgendwelche Hinweise auf bevorstehende Vorträge gab. Mir blieb das Herz fast stehen. Wir stellten fest, dass er in seiner neuesten auf der arXiv-Seite geposteten wissenschaftlichen Arbeit ein Modell vorschlug, das mit demjenigen, an dem ich seit mehreren Monaten arbeitete, fast identisch war, nur dass seines bereits weit tiefer und klarer war. Er war mir zuvorgekommen!

Das war kein ganz neues Gefühl. In der Wissenschaft kommt es häufig vor, dass einem ein anderer zuvorkommt. Wenn das geschieht, bleibt einem meist nichts anderes übrig, als sein Ego herunterzuschlucken und von vorn anzufangen, besser und schneller als beim letzten Mal. Einmal bin ich nur um wenige Stunden geschlagen worden, Stunden, die eigentlich nur Sekunden gewesen wären, wäre die Wifi-Verbindung am Genfer Flughafen nicht so schlecht gewesen, während ich auf meinen Flug zu einer Konferenz wartete. Diese wenigen Stunden entschieden darüber, wie viel Aufmerksamkeit und Anerkennung unsere Ergebnisse fanden, und daran wurde die Bedeutung unserer Arbeit gemessen. Aber noch einmal: die Schönheit des Fallens liegt nicht darin, wie der Fall selbst ist, sondern wie man wieder aufsteht.

In unserem Fall hatte Gregory die Ergebnisse eindeutig als Erster gefunden. Ihm gehörte die wissenschaftliche Priorität, und daher wäre es ihm ein Leichtes gewesen, meine Arbeit zu ignorieren. Aber wie jeder weiß, der Gregory kennt, gehört er nicht zu dieser Sorte von Wissenschaftlern. Statt meine Arbeit einfach als einen Abklatsch der seinen abzutun (was sie tatsächlich war, wenn auch unabsichtlich), wählte Gregory den umgekehrten Weg. Schon nach wenigen Stunden hatte er mir eine Zusammenarbeit angeboten, und sie erwies sich als eine der erfolgreichsten meiner Laufbahn.

Ich habe oben schon erwähnt, dass ich bei schwierigen Berechnungen manchmal mitten in der Arbeit abbreche, um die zuversichtliche Stimmung den Abend über zu genießen und zu vermeiden, dass mir eine unvorhergesehene Komplikation die Nachtruhe raubt. Für Gregory kam das nicht infrage, und das erwies sich rasch als der richtige Weg. Wenn ich die NYU besuchte, konnte uns keine Ablenkung von der Tafel weglocken, der wir alle unsere Gedanken und Ideen, Berechnungen und Diagramme anvertrauten. Wenn wir glaubten, wir wären endlich zu einem Ergebnis gelangt und hätten eine Idee, wie wir vorgehen könnten, kamen wir nicht auf die Idee, uns zu selbst gratulieren und uns für irgendwann später zu verabreden. Nein, wir wollten die Antwort sofort wissen, daher arbeiteten wir den ganzen Tag lang und die Nacht und den folgenden Tag, Tag für Tag, jede Minute nutzend, bis ich fortmusste, um meinen Flieger nach Hause zu erwischen. Und so erzielten wir Fortschritte. Am Ende meines Besuchs an der NYU hatten wir unser erstes Model der extradimensionalen Gravitation entwickelt, das alle von uns erwarteten Eigenschaften besaß, zumindest bei all denjenigen Größen, die wir hatten berechnen können.

Die massive Gravitation lag noch immer verborgen unter den Schichten der No-go-Theoreme, die einerseits von den angesehensten Gravitationsexperten und andererseits von den Wortführern der Quantenfeldtheorie vertreten wurden. Sie alle behaupteten, das Graviton könnte keine Masse haben. Tatsächlich war ich von diesen Theoremen so überzeugt, dass ich damals in meinen Bewerbungsgesprächen ausdrücklich die meiner Meinung nach wohlbegründeten No-go-Behauptungen bejahte: eine rein vierdimensionale Theorie der massiven Gravitation kam nicht ohne Geister aus, weshalb die Alternativen mit Extradimensionen am vielversprechendsten waren.

Während einem dieser Campus-Besuche, bei denen es zu einem intensiven Gedankenaustausch mit Mitgliedern des Fachbereichs Physik kam, begann mir zu dämmern, dass ich vielleicht doch nicht ganz recht hatte. Als ich in mein Bed & Breakfast zurückkehrte, regten sich im Hintergrund meines Bewusstseins Gedanken, die mir einige Aspekte meiner Arbeit in einem zweifelhaften Licht erscheinen ließen. Zunächst konnte ich meinen Finger nicht auf die Wunde legen und war nur wochenlang davon überzeugt, dass ich irgendeinen Fehler begangen haben musste. Verzweifelt ging ich meine Berechnungen durch: Irgendwie schien das Modell, das Gregory und ich entwickelt hatten, die Fülle der No-go-Theoreme zu vermeiden, die massive Gravitation ausschlossen. In gewisser Weise machte unser Modell von Extradimensionen Gebrauch, ließ sich aber trotzdem noch vollständig in vier Dimensionen interpretieren, daher hätten die No-go-Theoreme gelten müssen. Eigentlich wäre die geisterhafte sechste Mode zu erwarten gewesen, unter der jede Theorie der massiven Gravitation leiden sollte, und doch hatte sie sich in unseren Berechnungen bis dahin nicht gezeigt [20,21].

Einen Elefanten kitzeln

The Blind Men and the Elephant
It was six men of Indostan
To learning much inclined,
Who went to see the Elephant
(Though all of them were blind),
That each by observation
Might satisfy his mind.[36]

John Godfrey Saxe, 1872
(angelehnt an Gleichnisse, die bis 500 v. Chr. zurückreichen, unter anderem den buddhistischen Text *Paṭ hamanānātitthiyasutta*)

»Die Blinden und der Elefant«, ein Gedicht von John Godfrey Saxe, gibt die alte indische Legende von den sechs blinden Beobachtern (oder Beobachterinnen) wieder, die tastend lernen und sich ausmalen, was ein Elefant ist. Die Legende ist mehr als 2500 Jahre alt und liefert ein sehr kluges Abbild des wissenschaftlichen Prozesses. Das Bemühen, die Polarisationen in einer Theorie der massiven Gravitation zu untersuchen, hat große Ähnlichkeit mit dem Versuch, die Facetten eines rätselhaften Tiers zu erkunden. Die verschiedenen Polarisationsarten des Glichts, die in einer Gravitationstheorie erzeugt werden können, klopfen nicht unaufgefordert an Ihre Tür und stellen sich höflich mit Namen und Titel vor, sondern Sie müssen das Tier schon kitzeln,

36 Die Blinden und der Elefant // Es war'n mal sechs Männer aus Indostan / aufs Lernen sehr versessen / die wollten den Elefanten sehe'n/ (so blind sie auch alle waren)/, damit jeder durchs Beobachten / seinen Wissensdurst stillte.

und wenn Sie dabei geschickt und freundlich genug vorgehen, dann zeigt es Ihnen vielleicht eine seiner Gliedmaßen.

Die Aufgabe, die wir als blinde Beobachter dieser Welt haben, besteht darin, die Gliedmaßen zu analysieren und herauszufinden, was sie sein könnten. Vielleicht das Hinterbein, das den meisten Säugetieren gemeinsam ist, entsprechend den + und × Moden, die es schon in der allgemeinen Relativitätstheorie gibt? Könnte es eines der Vorderbeine sein, die den Elefanten etwa vom Känguru unterscheiden, so wie sich eine Gravitationstheorie durch die Existenz der ±1-Moden von vielen ihrer nahen Verwandten abhebt? Könnte es der Schwanz sein – oder diese Atmungsmode, die in einer ganzen Reihe von Gravitationstheorien vorkommt, wenn auch nicht in der allgemeinen Relativitätstheorie? Oder ist es der Rüssel, das Erkennungsmerkmal des Elefanten – in unserem Fall das Schreckgespenst, das Geisterteilchen?

Im Dunkeln sind die verschiedenen Gliedmaßen schwer zu identifizieren, und am besten zählt man einfach, mit wie vielen verschiedenen Extremitäten das Biest wackeln und zucken kann, wenn Sie es kitzeln. In den vergangenen achtzig Jahren fanden die Forscher, wenn sie die massive Gravitation untersucht haben, immer wieder alle vier Beine, den Schwanz und den Rüssel – die sechs Polarisationen, die ich oben beschrieben habe. Trotzdem schien das von uns entwickelte Modell nur fünf zu haben – es enthielt keinen Geist. Wie war das möglich? Wo war der Rüssel unseres Elefanten?

Da fiel es uns wie Schuppen von den Augen: Was war, wenn alle sechs Moden zugegen, aber nicht fähig waren, sich unabhängig zu bewegen? Ein normaler Elefant kann seinen Rüssel still halten, während er mit dem Schwanz wedelt, oder den Schwanz stillhalten, während der Rüssel nach einer Erdnuss greift. Doch stellen Sie sich vor, dass der Rüssel des Tiers an seinen Schwanz gebunden oder der Schwanz an seinem Bein befestigt wäre und sich nicht mehr allein bewegen könnte. In diesem Fall zählte er nicht mehr als unabhängige Gliedmaße. Genau das geschah in unserem Modell, und genau das blieb der wissenschaftlichen Gemeinschaft so lange verborgen. Es mag den Anschein haben, als hätte die Gravitation sechs Gliedmaßen, zumindest beim Abtasten, aber nicht alle ließen sich beliebig bewegen. Eines sitzt fest, ist eingeschränkt, unfähig, sich frei zu bewegen. Wäre der Geist immer an eine andere Gliedmaße angebunden und daher nicht in der Lage, sich ungehindert zu bewegen, könnte er nicht mehr frei herumspuken. Er wäre keine eigenständige Polarisation mehr.

Noch bemerkenswerter war, dass es ja nicht nur einen Beweis für die Unvermeidbarkeit von Geisterteilchen in der massiven Gravitation gab. Es gab mindestens vier verschiedene Argumente, von denen jedes allein alle Welt davon zu überzeugen schien, dass es eine Theorie der massiven Gravitation ohne ein Geisterteilchen einfach nicht geben könne. Doch sobald wir erkannt hatten, wie einfach es ist, dieses Geisterteilchen in seine Schranken zu weisen, hatten wir immer weniger Scheu, uns weiter in die unübersichtlichen Tiefen der anderen No-go-Theoreme zu wagen. Dabei bemerkten wir, dass viele dieser Argumente entweder nicht ganz zu Ende gedacht oder gar nicht so unabhängig voneinander waren, wie man gemeint hatte; sie verließen sich alle auf ähnliche Zählweisen, die außer Acht ließen, wie verschiedene Moden eingeschränkt werden könnten. Es waren natürlich kleine Fehler – solche, die allein nicht ins Gewicht gefallen wären, aber die zusammengenommen die Schlussfolgerungen vollkommen veränderten. Langsam, Ziegelstein für Ziegelstein, waren wir in der Lage, die vier Stockwerke hohe Mauer abzubauen, die der Entwicklung einer schlüssigen Theorie der massiven Gravitation im Weg stand.

Nachdem wir diese anfänglich unüberwindlichen Argumente außer Acht gelassen und die Regeln entdeckt hatten, die wir beachten mussten, um das Geisterteilchen der massiven Gravitation zu vermeiden, mussten wir »nur noch« nachweisen, wie man das vollständige Biest erscheinen lassen konnte – ein vierbeiniges Tier mit einem Schwanz –, wobei wir natürlich gleichzeitig dafür sorgen mussten, dass kein Rüssel zugegen war oder zumindest kein frei beweglicher.

Damals hatte ich gerade eine befristete Assistenzprofessur an der Universität Genf angetreten, während Andrew noch immer am Perimeter Institute for Theoretical Physics in Kanada tätig war. Obwohl er während seiner Besuche in Genf jederzeit in meinem Fachbereich willkommen war, schien er es jedoch stets vorzuziehen, im Café einer Bäckerei im Stadtzentrum zu arbeiten. Vielleicht waren die berühmten *ramequins au fromage* und *délices au beurre* der Grund dafür. Dort holte ich ihn eines Spätnachmittags ab, als ich nach Hause ging. Ich setzte mich an seinen Tisch, und wir begannen über das Tier der massiven Gravitation zu diskutieren, an dem Gregory und ich arbeiteten.

Häufig scheint es die Leute zu amüsieren, wenn sie hören, dass Andrew und ich über ähnliche Themen arbeiten und mehrere Aufsätze gemeinsam veröffentlicht haben. Nun haben wir in den ersten Jahren unserer Beziehung kaum über Physik gesprochen. Doch im Laufe der Zeit wurde es immer schwerer, der Versuchung zu widerstehen, über all die Dinge zu reden, die uns Freude und Begeisterung, Höhepunkte und Tiefpunkte bescherten, zumal wenn einer von uns an einer Sache saß, die etwas Besonderes und Magisches zu sein versprach, aber noch nicht ganz greifbar war;

in solchen Momenten kam es oft vor, dass Andrew mit seinem unglaublichen Einfühlungsvermögen meine Perspektive in Sekunden vollkommen veränderte. Die Trennung zwischen professioneller und privater Beziehung aufzugeben, ist allerdings keine ganz leichte Sache. Es dauert Jahre, bis das klappt, und noch heute müssen wir sehr sorgfältig auf die Grenzen achten. Trotzdem war es manches Mal in unseren wissenschaftlichen Brainstorming-Sitzungen hilfreich. Selbst in erhitzten Debatten mit Kollegen bleiben die Fragen und Entgegnungen zivil und höflich. Wenn man aber die Forschungsarbeit mit seinem Partner erörtert, fallen die Schutzmechanismen ab. Man kann sich nicht hinter Höflichkeit verstecken, um zu verheimlichen, was man möglicherweise nicht weiß, und niemand verzichtet darauf, bei einer ausweichenden Antwort, unerbittlich nachzufragen. Alles, was zählt, ist die richtige Antwort und alles zu entdecken, was die Natur preisgibt.

Nachdem ich in der gemütlichen Bäckerei ein paar Minuten mit Andrew gesprochen hatte, zeigten sich die ersten Ansätze zur Konstruktion einer vollständigen Theorie der massiven Gravitation. Tatsächlich waren sie bereits die ganze Zeit in dem Modell enthalten gewesen, das Gregory und ich entwickelt hatten. Um zu einer vernünftigen Theorie der massiven Gravitation zu kommen, mussten wir lediglich die Variablen finden, die für das Zustandekommen der Wechselwirkungen sorgten. Häufig erlebt man in der Physik, dass Argumente, die anfangs lang und kompliziert wirken, fast trivial werden, wenn man die richtigen Werkzeuge verwendet. In Einsteins allgemeiner Relativitätstheorie ist das wichtigste Objekt, mit dem er die Geometrie der Raumzeit beschreibt, die sogenannte Metrik. Die Metrik ist eine Gruppe von zehn Zahlen, die uns mitteilen, wie wir an einem gegebenen Punkt die Abstände in Raum und Zeit zu messen haben. Wenn wir uns in Raum und

Zeit umherbewegen, verändern sich diese zehn Zahlen, und damit kodieren sie, wie Raum und Zeit sich jeweils auf unterschiedliche Weise ausdehnen und zusammenziehen und damit die Krümmung der Raumzeit selbst beschreiben. In der massiven Gravitation wird die Raumzeit ebenfalls durch diese Zehn-Komponenten-Metrik beschrieben, aber wir müssen spezielle Ziegelsteine verwenden, um dafür zu sorgen, dass unser Modell geisterfrei bleibt. Diese Steine erscheinen entsetzlich kompliziert, und wir konnten keine zugrunde liegende Struktur erkennen, die uns erlaubt hätte, sie zusammenzusetzen.

Statt uns danach zu richten, wie die allgemeine Relativitätstheorie in höheren Dimensionen vorgeht, gewannen wir die Überzeugung, dass wir einen Ziegelstein neuer Art verwenden müssten, der die gleiche Rolle spielte wie ein Objekt, das man als extrinsische Krümmung bezeichnet. Die extrinsische Krümmung beschreibt, wie eine Fläche in einem ansonsten flachen Raum gebogen oder verformt wird, und sie hat, genau wie eine Metrik, zehn Komponenten. In den höherdimensionalen Modellen, die Gregory und ich am CERN entwickelt und diskutiert hatten, wird die Masse des Gravitons von der extrinsischen Krümmung erzeugt. Zwar schienen sich die Geister bei den direktesten analytischen Rechnungen, die wir hatten durchführen können, vermeiden zu lassen, aber wir wussten, dass das noch nicht die vollständige Antwort war. Trotzdem gelangten wir immer mehr zu der Überzeugung, dass wir nur das richtige Analogon für die extrinsische Krümmung finden müssten, um eine Theorie der massiven Gravitation in vier Dimensionen zu entwickeln, die frei von allen bis dahin prophezeiten Unzulänglichkeiten war.

Als Andrew ein paar Tage später auf dem Weg in sein Genfer Fitnessstudio war (zweifellos, um seine *ramequins au fromage* und *délices au beurre* abzuarbeiten), hatte er eine Erleuchtung: Wenn die Wechselwirkungen aus einem scheinbar ungewöhnlichen neuen Ziegelstein erbaut wären, der die Form einer Quadratwurzelfunktion der Metrik annähme, die bis zu einem gewissen Grad der extrinsischen Krümmung ähnelte, würden sich daraus die Eigenschaften, die nach Gregorys und meiner Überzeugung wahr sein mussten, automatisch ergeben. Er radelte zum Bahnhof, um mir von seinem Einfall zu erzählen, als ich im Begriff war, in den Zug nach Paris zu steigen, wo ich ein Seminar halten sollte. Ich war von meinem Studium in Paris an diese dreistündige Zugfahrt gewöhnt, aber dieses Mal war die Reise im Nu vorbei, weil ich wie besessen die Effekte dieses Quadratwurzel-Ziegels berechnete. Als ich in Paris an der Gare de Lyon ausstieg, rief ich Andrew sofort an. Alles stimmte, wir hatten unsere Antwort [22].

Mit dieser Quadratwurzel-Struktur hatten wir ein perfektes Analogon für unsere extrinsische Krümmung, und alles griff ineinander wie in einem Uhrwerk. Sobald wie möglich sprachen wir mit Gregory, und zum ersten Mal in meinem Leben fielen alle Teile des Puzzles mit unglaublicher Leichtigkeit an ihren Platz. Nach einer Woche füllten meine Berechnungen viele Seiten einschließlich Beiträgen bis zur zwanzigsten Ordnung der Störungsrechnung und Tausenden von Termen, die, nachdem die richtige Struktur gefunden war, das Erscheinen des Geistes auf immer verhinderten. Nach sechzig bitteren Jahren in der Wüste feierte die massive Gravitation die Wiederkehr in ihrer ganzen Pracht. Als wir Gregorys und meine Berechnungen mit Andrews Quadratwurzel-Struktur kombinierten, wussten wir nicht nur, warum die früheren No-go-Argumente falsch waren, sondern auch, wie wir die vollständige Theorie zum Leben erwecken konnten.

Graffiti im Himmel

An diesem Punkt gehen mir die Analogien und Vergleiche aus, die beschreiben, wie unsere Theorie aussieht, riecht und sich anfühlt. Die Idee, einen Elefanten zu kitzeln, kann uns nur zu dem Punkt bringen, an dem es Zeit wird, das wir uns den mathematischen Darstellungen der allgemeinen Relativitätstheorie und der massiven Gravitation zuwenden.

Eine Gleichung, der wir schon wiederholt begegneten, ist Einsteins berühmtes $E = mc^2$, das aus der speziellen Relativitätstheorie folgt. Diese Gleichung informiert uns über die Beziehung zwischen träger Masse und Energie. Dagegen informiert uns Einsteins allgemeine Relativitätstheorie über das Verhältnis, in dem die Krümmung der Raumzeit zu Energiedichte und Druck aller Objekte in ihrem Gefüge steht. Einsteins Feldgleichungen sind mittlerweile so in Mode gekommen, dass man sie sogar als coole Graffiti-Kunst auf einer alten rostigen Lokomotive in Bolivien findet (vgl. Abb. 6.3).

Das scheint eine komplizierte Gleichung mit vielen griechischen Indizes zu sein, die die verschiedenen Richtungen in Raum und Zeit bezeichnen, aber im Wesentlichen erzählt sie eine sehr einfache Geschichte: Die Energiedichte aller Inhalte des Universums (wiedergegeben durch »T«) bestimmt die Krümmung (»R«) der Raumzeit. Wenn die Quanten-Vakuumenergie der Teilchenphysik einc hohe Energiedichte hat, ist T größer, und das führt unmittelbar zu einer starken Krümmung, die wiederum eine erhebliche kosmische Beschleunigung auslöst. Nach der allgemeinen Relativitätstheorie müsste unser beobachtbares Universum auf eine Größe von kaum mehr als einem Zentimeter zusammengekrümmt sein. Wie wir sehen werden, sind die übrigen Symbole

ABBILDUNG 6.3. Graffiti, das Einsteins Gleichungen der allgemeinen Relativitätstheorie wiedergibt. *Quelle*: Fotografie von bbuong (iStock).

auf dem Bild die Konstanten, die wir bereits eingeführt haben. Der Buchstabe »G« ist die Newton'sche Gravitationskonstante und »c« die Lichtgeschwindigkeit im Vakuum, beide entscheidend, um zu bestimmen, wie stark ein Etwas aus Masse oder Energie sich auf die lokale Raumzeitkrümmung, in der es lebt, auswirkt. Alle diese Größen stehen in Beziehung zur Planck-Skala »M_{Pl}«, die in der nächsten Abbildung eingeführt wird.

Ich hatte nicht die Möglichkeit, mein eigenes Graffiti auf eine bolivianische Lokomotive zu zeichnen. Am nächsten kommen dem vermutlich die Zeichnungen, die meine vier und sechs Jahre alten Töchter vor einigen Jahren angefertigt hatten (vgl. Abb. 6.4). (Leider konnte mein Zweijähriger damals die Tafel noch nicht erreichen, was wahrscheinlich einer der triftigen Gründe war, warum er sich an dem Spaß nicht beteiligen wollte.)

Das mag ziemlich abstrakt erscheinen, aber gemeinsam erzählen diese obskuren Symbole eine ganz eigene einfache Geschichte.

ABBILDUNG 6.4. Unsere Theorie der massiven Gravitation. Wir nennen sie gerne »geisterfrei«, obwohl die wissenschaftliche Gemeinschaft sie als dRGT bezeichnet, nach meiner Arbeit mit Gregory Gabadadze und Andrew Tolley. Der entscheidende Unterschied zwischen massiver Gravitation und allgemeiner Relativitätstheorie ist die träge Masse des Gravitons, die durch den Buchstaben »m« in der oberen rechten Ecke ins Spiel kommt. Die Hauptschwierigkeit besteht darin, die geeignete Massenfunktion »U« zu finden, die den Geist austreibt. Mit deren Ableitung sind meine Töchter an der Tafel eifrig beschäftigt.

Sie ähnelt derjenigen, die uns die allgemeine Relativitätstheorie zuraunt, allerdings mit einer eigenen kleinen Abänderung: Die Raumzeitkrümmung »R« unterliegt der Einwirkung der Energiedichte aller Objekte im Universum *und* der Gravitationsmasse selbst einschließlich der zusätzlichen Polarisationen, die von einem in der Funktion »U« versteckten massiven Graviton stammen. Einstein hat gesagt, dass Energie Masse ist und dass Krümmung mit Energiedichte verknüpft ist. In der massiven Gravitation sind alle diese Elemente mit einem übergreifenden Thema verbunden: Die Energiedichte all des Krimskrams, den unser Universum enthält, bestimmt zusammen mit der eigenen Masse der Gravitation die Krümmung unserer Raumzeit. So ausgedrückt, scheint massive Gravitation eine geradlinige Verallgemeinerung der allgemeinen Relativitätstheorie zu sein, allerdings mit einem wichtigen Unterschied. In der massiven Gravitation kann man eine große Quanten-Vakuumenergie haben, ohne dass das Universum deswegen auf unerträglich kleine Ausmaße zusammengekrümmt wird. Die Masse des Gravitons oder vielmehr die zusätzlichen Arten von Gravitation, die in der Gravitonen-Masse versteckt sind, können als Airbag oder Sicherheitsmechanismus wirken, der den Aufprall (genauer, den Zufluss) der Vakuumenergie abfängt. Statt das Gefüge der Raumzeit zu absurd winzigen Ausmaßen zusammenzukrümmen, heben sich Vakuumenergie und Gravitonen-Masse gegenseitig auf, sodass die Existenz der Vakuumenergie praktisch keinen Einfluss auf die Krümmung unseres Universums ausübt. Statt eine unerwünschte Nebenwirkung der massiven Gravitation zu sein, machen die zusätzlichen Polarisationen, die mit der Gravitationsmasse einhergehen, unser Universum überhaupt erst zu einem bewohnbaren Ort.

Die Möglichkeit, eine ungeheure Vakuumenergie zu absorbieren, ist aber nur ein Aspekt der Geschichte. Insgesamt ist die neue Theorie der massiven Gravitation von vielfältiger und tief reichender Bedeutung, wie wir in Kapitel 7 sehen werden. Doch bevor wir dazu kommen, sollten wir uns noch mit einem letzten Teil der Geschichte beschäftigen: dem Anfang selbst. Die Kosmologen sind sich einig, dass die Raumzeitkrümmung vor 13,8 Milliarden Jahren, kurz nach dem Beginn des Universums, viel (sehr viel) größer war als heute. Tatsächlich so groß, dass die Masse des Gravitons vernachlässigbar war. Wie konnte sich dann die Masse des Gravitons überhaupt auswirken? Die Antwort ist so faszinierend wie einfach. Jede Gravitationstheorie ist eine Theorie der verflochtenen Struktur von Raum und Zeit. Wenn die massive Gravitation beeinflusst, wie Gravitation über weite Entfernungen wirkt, dann muss sie auch beeinflussen, wie Gravitation sich über sehr lange Zeiträume hinweg verhält.

Auf unser winziges Universum in seinen Kinderschuhen übt die Masse des Gravitons keinen Effekt aus. Doch über hinreichend lange Zeiträume, auf Zeitskalen, die das heutige Alter des Universums umfassen, macht sich das Graviton bemerkbar und dämpft die gewaltige Auswirkung der Vakuumenergie. In der Praxis braucht es eine unendlich lange Zeit, um das Vakuum völlig zu neutralisieren. Das ist der Grund, warum die Vakuumenergie heute schon fast vollständig von der Gravitonenmasse absorbiert worden ist, wobei aber trotzdem noch ein winziger Resteffekt bleibt. Dieser Effekt entspricht exakt unseren heutigen Beobachtungen und erklärt die kleine Beschleunigungsrate der Expansion unseres Universums. Zumindest ist das die Geschichte, die das Graffiti der massiven Gravitation uns erzählen würde, wenn wir versuchten, ihre Symbole zu entschlüsseln.

Diese Symbole mögen dunkel und befremdend erscheinen, aber die Begriffe, die sie übermitteln, sind uns sehr vertraut – Begriffe, die im Grunde heiter sind und besagen, dass alles eine Grenze hat, sogar die Gravitation. Diese Begriffe zu konkretisieren könnte uns helfen, die Vakuumenergie der Teilchenphysik mit der Beschleunigung des Universums in Einklang zu bringen und damit die beiden Grundpfeiler der modernen Physik miteinander zu versöhnen. Die Menschheit bemüht sich seit Jahrzehnten um eine schlüssige Erklärung des Universums. Als ob es uns bei Laune halten wolle, hat es uns eine neue Möglichkeit präsentiert, die uns unter Umständen dem Verständnis der Geschichte unseres Universums näher bringt – seines Ursprungs und seines Schicksals.

KAPITEL 7

Unser Leben auf der Suche nach der Gravitation

Für mein persönliches Bestreben, Astronautin zu werden, habe ich Jahre meines Lebens investiert. In der Rückschau hätte ich vielleicht all die Zeit und Energie besser für realistischere oder konstruktivere Bemühungen aufwenden können. Aber ich bedaure nicht eine Sekunde dieser Zeit. Fliegen zu lernen war beispielsweise eine Erfahrung, die mein Leben veränderte. Wie das Physikstudium war der Pilotenschein kein Spaziergang. Ich musste vor Sonnenaufgang aufstehen, um die erforderlichen Flugstunden zu absolvieren, und ich verbrachte beträchtliche Zeit mit der Vorbereitung auf die schriftliche Prüfung.

Es gab jedoch einen Aspekt dieses Prozesses, den ich genoss: Zu keinem Zeitpunkt stand ich unter dem Druck, etwas Originelles oder Einzigartiges leisten zu müssen. Zumindest der einfache Flugschein für einmotorige Maschinen verlangte von mir lediglich, die richtigen Handlungsabfolgen zur richtigen Zeit und aus den richtigen Gründen auszuführen. Da ich jeden Schritt der Prozedur Hunderte von Malen geübt hatte, war ich mir sicher, ihn zu beherrschen. Ich musste keine neuen Maßnahmen ausdenken oder beweisen, dass die Art, ein bestimmtes Manöver auszuführen, die beste oder einzige Möglichkeit war; von mir wurde nicht der Beweis erwartet, dass ich nach irgendwelchen Kriterien die beste Pilotin wäre. Man verlangte von mir lediglich, dass ich die passende Methode fehlerlos anwendete. Die Vorstellung, dass es ausreicht, keine Fehler zu machen, um Erfolg zu haben, ist so tröstlich, dass ich mir häufig wünsche, in diesen Zustand zurückkehren zu können. Ist man Astronautin oder Physikerin, reicht es nie aus, Fehler zu vermeiden. Tatsächlich sind Fehler untrennbarer Bestandteil der wissenschaftlichen Forschung. Bei der Entwicklung unserer Theorie der massiven Gravitation war das Vermeiden von Fehlern oder Scheitern nie das Ziel; Scheitern war nur der Beginn unserer Reise.

Von Abständen, die der Dicke eines Blatt Papiers entsprechen, bis zu Entfernungen, die Galaxien umfassen, hat sich die allgemeine Relativitätstheorie als ein unfehlbarer Reiseführer erwiesen, mit einer nie da gewesenen Übereinstimmung zwischen Theorie und Beobachtungen. Für eine Theorie, die der allgemeinen Relativitätstheorie den Thron streitig machen will, genügt es nicht, neue ähnliche Ergebnisse zu erzielen. Nein, sie muss auch unterscheidende Merkmale besitzen, und sie muss zeigen, dass sie der allgemeinen Relativitätstheorie in bestimmter Hinsicht überlegen ist. Da bislang alle Beobachtungen und Experimente vollkommen mit der allgemeinen Relativitätstheorie übereinstimmten, müssen die Anzeichen für diese Überlegenheit unauffällig oder klein genug sein, um zu erklären, warum wir sie bis dahin nicht bemerkt hatten, aber auch signifikant genug, um in Zukunft die Herausforderin von der allgemeinen Relativitätstheorie zu unterscheiden.

Wie der neue Tuberkulosetest kurz vor meiner Bewerbung als Astronautin eingeführt wurde, so entwickelt die Wissenschaft ständig neue theoretische, beobachtende und experimentelle Wege, um unsere Modelle immer tiefer und gründlicher zu testen. Dem Laien mag die Vorstellung einer neuen Theorie als große Leistung erscheinen. Aber die eigentliche Herausforderung liegt in dem, was als Nächstes kommt. Die Strenge der Tests, denen ich während der Astronautenauswahl unterworfen wurde, ist nichts im Vergleich zur unerbittlichen Genauigkeit, mit der die wissenschaftliche Gemeinschaft unserem Modell der massiven Gravitation zu Leibe rückte und noch immer rückt. Mit dieser Prüfung wurde ernst gemacht, sobald Gregory Gabadadze und ich den zweiten Satz an Ergebnissen erhalten und unsere Arbeit auf arXiv gepostet hatten und ich mit der üblichen Einreichung des Artikels bei einer wissenschaftlichen Zeitschrift begann.[37]

Weil unsere Ergebnisse zum ersten Mal die Vorbehalte gegen die massive Gravitation konkretisierten, die in allen »No-go-Behauptungen« versteckt sind, schien es angebracht zu sein, unser Manuskript an dieselbe Zeitschrift zu schicken, die eines der stärksten No-Go-Argumente der letzten Jahre veröffentlicht hatte. Wie naiv von mir! Natürlich hatte ich nicht erwartet, dass wir reibungslos durch den Gutachterprozess kommen würden. Schließlich sind wissenschaftliche Ergebnisse bedeutungslos, wenn sie nicht von anderen Experten kritisch unter die Lupe genommen worden sind. Ich war darauf vorbereitet, dass unsere Arbeit auf Skepsis und Widerstand stoßen würde, auf die vermutlich lange Diskussionen folgen würden, in denen wir auf die Einwände der

37 Die Verbreitung naturwissenschaftlicher Forschungsergebnisse erfolgt heute fast ausschließlich auf der freien Online-Seite arXiv, auf die jeder zugreifen kann, aber die Veröffentlichung in begutachteten Fachzeitschriften ist aus Karrieregründen immer noch erforderlich.

Gutachter antworten würden. Offensichtlich war ich viel zu optimistisch: Der Herausgeber lehnte das Manuskript ab, ohne überhaupt Gutachter einzuschalten. Nach meinem Eindruck galt seine Hauptsorge weniger der wissenschaftlichen Strenge und Richtigkeit als vielmehr dem Wunsch, dass kein Zweifel an seinen Kollegen und ihrer Ideologie laut wurde.

Glücklicherweise wurde unser Manuskript rasch von einer ebenso angesehenen Zeitschrift [21] akzeptiert. Zusammen mit [22] wurden unsere Ergebnisse binnen weniger Jahre anerkannt und zu den einflussreichsten physikalischen Entdeckungen des Jahrzehnts gezählt. Doch wie ich rasch feststellte, war die anfängliche Reaktion des Herausgebers charakteristisch für die Haltung vieler Mitglieder der physikalischen Gemeinschaft. Augenscheinlich hatte unsere Arbeit einen Nerv getroffen. Nach der anfänglichen Ablehnung unserer Ergebnisse erklärten einige Forscher diese schlicht für falsch, während andere behaupteten sie oder ihre Kollegen seien bereits auf unsere Ergebnisse gestoßen. Zu meiner großen Erheiterung behaupten einige Wissenschaftler sogar *beides*.

Für Nichtwissenschaftler wird es vielleicht nicht so offenkundig sein, warum andere Forscher unsere Ergebnisse so rasch verwerfen konnten. Schließlich haben wir in unserer veröffentlichten Arbeit Wert darauf gelegt, unsere Forschungsergebnisse mit Hilfe der Mathematik zu beweisen, die vielfach als ultimative Sprache gilt, da sie auf Logik und Wahrheit gegründet ist. Das ist zweifellos einer der Gründe, warum ich mich zu ihr hingezogen fühlte; ich fand Wahrheit und Trost in den Gesetzen der Natur, die über alle Formen sprachlicher Missverständnisse erhaben sind. Aber ich merkte schon bald, dass die Sache selten so einfach ist. Forscher, die sich auf die grundlegenden physikalischen Aspekte unseres Modells oder den begleitenden mathematischen Beweis einließen, gaben uns in der Regel recht. Schon bald wurde die unserem Beweis zugrunde liegende Logik von Rachel Rosen and Fawad Hassan verallgemeinert, ihnen folgten Rachel Rosen und Kurt Hinterbichler. Andere schlossen sich ihnen rasch an. Unsere Berechnungen bewährten sich. Im Übrigen hatte die Kritik der Skeptiker nichts mit der Logik unseres Beweises zu tun; vielmehr beruhte ihre Skepsis fast immer auf Unterschieden zwischen der von uns verwendeten mathematischen Sprache und derjenigen Version, an welche die Skeptiker gewöhnt waren.

Es gibt vermutlich ebenso viele kulturelle Unterschiede zwischen den verschiedenen mathematischen Sprachen beziehungsweise den bevorzugten wissenschaftlichen Argumentationsstilen wie zwischen Menschen, die in derselben Gesellschaft leben. In der Wissenschaft sind diese Unterschiede nicht in erster Linie geografischer Natur, sondern spiegeln einfach die Vielfalt und Breite wider, die sich in Physik und Mathematik mit der Zeit ausgebildet haben. Wenn Ihnen dieser Unterschied in den wissenschaftlichen Sprachen abstrakt oder gar kontraintuitiv erscheint, brauchen Sie nur an die reelle Zahl π zu denken. Sie ist eine der wichtigsten Zahlen in der Mathematik, die, wie wir alle wissen, ungefähr gleich 3,14 ist. Zu diesem Ergebnis können wir auf verschiedenen Wegen gelangen:

- Einige werden einen vollkommenen Kreis mit dem Radius R auf ein flaches Stück Papier zeichnen und den Umfang mit einem flexiblen Maßband bestimmen, um dann mittels der Formel $C = 2\pi R$ den Wert von π abzuleiten.
- Wenn Sie kein Bandmaß haben, könnten Sie stattdessen einen vollkommen kugelförmigen, symmetrischen Ballon

mit einem Radius von 1 cm voll Wasser füllen und ihn wiegen. Da das Volumen des Ballons $4\pi/3$ cm^3 beträgt und ein cm^3 Wasser 1 g wiegt, ist π durch drei Viertel der Masse des Ballons in Gramm gegeben.

- Andere werden die Leibniz-Reihe kennen, die uns sagt, dass $\pi/4 = 1 - 1/3 + 1/5 - 1/7 + \ldots$, wobei sich die Reihe im Wechsel zwischen der Addition und Subtraktion von Kehrwerten aufeinanderfolgender ungerader Zahlen endlos fortsetzt.

In einer vollkommenen (flachen) Welt sind alle diese Techniken anwendbar und führen innerhalb bestimmter Genauigkeitsgrenzen zum gleichen Ergebnis. Aber stellen Sie sich vor, Sie wären in einem gekrümmten Raum. In diesem Fall wäre das Blatt Papier nicht wirklich flach, und die Formel für den Umfang eines Kreises müsste angepasst werden. Wir wären gezwungen, sie noch einmal zu überdenken. Auch das Verfahren zur Ableitung von π aus der Masse eines Ballons müsste angepasst werden, aber auf andere Weise. Wenn die Leibniz-Reihe uns einen Wert von π gleich 3,141592653589793... liefert, dann *müssen* alle anderen Methoden den gleichen Wert ergeben. Aber jemand, der mit der Leibniz-Reihe nicht vertraut ist und versucht, den Wert von π in der beschriebenen Weise über den Kreisumfang zu bestimmen, käme zu einem falschen Ergebnis. Bis jemand vorbeikommt und dem armen Menschen erklärt, wie er die Krümmung berücksichtigen muss, wäre dieser wohl geneigt, den Ausdruck für den Grenzwert der Leibniz-Reihe anzuzweifeln oder ganz abzulehnen.

Natürlich lügt die Mathematik nicht. Wenn jemand etwas in einer bestimmten mathematischen Sprache bewiesen hat, muss es auch in allen anderen möglichen Sprachen wahr sein; es gilt nur, die Grundlagen richtig zu verstehen. Daher sahen wir uns im Laufe der Jahre jedes Mal, wenn ein Kollege eine andere Perspektive wählte, gezwungen, seine bevorzugte Sprache zu lernen, sie in unsere Logik zu übersetzen und unser Denken an diese neue mathematische Kultur zu gewöhnen. Mit Hilfe unserer Kollegen übersetzten wir unsere grundlegenden Argumente in vielfältige mathematische und physikalische Darstellungen. Alle verwendeten sie unterschiedliche Namen und Varianten, vom sogenannten Hamilton-Constraint über den Stückelberg-Constraint und die Heilizitätsbedingung bis hin zu unterschiedlichen Varianten des Vielbein-Formalismus. Alle diese Sprachen verwendeten jeweils andere Methoden, um die Polarisationen zu zählen und festzustellen, ob der Geist sein Unwesen treibt; wie bei der Berechnung von π kann es leicht zu falschen Ergebnisse führen, wenn die Methode nicht richtig verstanden wird. Fünf Jahre lang mussten wir diese Prozedur wiederholen, bis keine Fragen mehr unbeantwortet waren. Unsere Behauptungen über massive Gravitation wurden nicht hinter verschlossenen Türen von einer Jury von zwölf Gutachtern beurteilt, sondern in aller Öffentlichkeit von der gesamten multikulturellen wissenschaftlichen Gemeinschaft.

Diese Inquisition wurde im Laufe der Zeit sehr bedrückend. Neben der gut gemeinten, wenn auch sehr intensiven wissenschaftlichen Überprüfung bekam ich äußerst beunruhigende Nachrichten, die mir für den Fall, dass ich meine Arbeit nicht zurückzog, ernsthafte berufliche Konsequenzen androhten. Manchmal handelte es sich auch um heftige persönliche Beleidigungen. Doch trotz alledem fand ich in der Zuversicht, dass unsere mathematischen Ergebnisse richtig waren, die Kraft zum Durchhalten, wobei der Prozess selbst mir eine phantastische Möglichkeit bot, in der Begegnung mit der ganzen Vielfalt von

Sprachen und Techniken unserer Gemeinschaft viel Neues zu lernen.

Nachdem wir die meisten Kritikpunkte an unserer Theorie entschärft oder zumindest die Abwesenheit des Geistes bewiesen hatten, konnte der aufregendste Teil des Abenteuers schließlich beginnen. Zwar war die massive Gravitation noch nicht »als richtig bewiesen« worden – keine Theorie, noch nicht einmal die Relativitätstheorie, ist jemals in diesem Sinne als richtig bewiesen worden –, aber da sie bisher noch nicht widerlegt worden war, konnten wir daran denken, sie an der Realität zu überprüfen, und der Natur die Entscheidung überlassen, ob sich diese Alternative zu Albert Einsteins altehrwürdiger Theorie bewährte.

Die Leichtigkeit der Gravitation

Die massive Gravitation ergab nur einen Sinn, wenn die Masse des Gravitons sehr klein war, mit einer Reichweite, die fast dem heute beobachtbaren Universum entspricht oder noch größer ist. Auf Energieskalen bezogen, entspricht das einer Masse von rund 10^{-32} eV oder weniger, fast dreißig Größenordnungen leichter als die leichtesten massiven Teilchen, die wir kennen, die Neutrinos. Auch eine ganze Reihe der Modelle, die versuchen, dunkle Materie zu erklären, enthalten massive Teilchen mit sehr leichten Massen, aber eine Masse von 10^{-32} eV würde alles, was man in der Natur erwartete, weit unterschreiten. Daher lautete die erste Frage, die wir uns stellen mussten, ob man eine solche Masse überhaupt in Betracht ziehen könne. Sollten wir nicht davon ausgehen, dass die Masse anderer Teilchen das Graviton beeinflusste und seinen

Wert erhöhte? Die Antwort auf diese Frage ist von entscheidender Bedeutung für unsere neuartige Erklärung für die kosmologische Konstante. Um sie geben zu können, müssen wir wissen, welche Einzelheiten ins Spiel kommen, wenn wir eine Theorie der massiven Gravitation konstruieren. Jetzt, da ich eine solche Theorie zur Hand habe, sind wir in der Lage, dem Wechselspiel zwischen massiven Teilchen und der Gravitonenmasse zu folgen und zu bestätigen, dass die Leichtigkeit des Gravitons tatsächlich in sich schlüssig ist (oder »technisch natürlich«, um den Fachbegriff zu verwenden).

Eine Möglichkeit, zu verstehen, warum die Gravitation sehr viel leichter sein kann als jedes andere massive Teilchen, ist ein Rückgriff auf die allgemeine Relativitätstheorie hilfreich, in der das Graviton nicht nur leicht, sondern komplett masselos ist. In der allgemeinen Relativitätstheorie wird die Masselosigkeit vom Äquivalenzprinzip vorgeschrieben, das die Gravitation zwingt, mit allem und jedem auf absolut die gleiche Weise wechselzuwirken. Die Eigenschaften der Gravitation sind damit so vollständig festgelegt, dass absolut nichts ihr Verhalten verändern kann, und andere massive Teilchen sind unter diesen Umständen nicht in der Lage, mit ihrer Masse auf das Graviton Einfluss zu nehmen: einmal masselos, immer masselos.

In der massiven Gravitation wird diese Festlegung nur ein wenig abgeschwächt. Das erlaubt uns, mit einer großen Vakuumenergie zurechtzukommen, die das Universum andernfalls dazu brächte, sich auf eine Größe von weniger als einem Zentimeter zusammenzukrümmen. Wie groß die Abweichung ist, hängt von der Masse des Gravitons ab. Ist das Graviton sehr leicht, werden die Prinzipien lediglich ein bisschen gelockert. In diesem Fall könnten andere massive Teilchen zwar prinzipiell etwas von ihrer Masse auf das Graviton übertragen und es dadurch ein wenig schwerer machen, aber praktisch wird dieser Effekt durch die Gravitonenmasse selbst unterdrückt und bleibt daher zumindest in der Theorie so schwach, dass wir ihn nicht berücksichtigen müssen. Doch um wirklich zu verstehen, was in der Praxis geschieht, müssen wir die Theorie mit einigen konkreten Beobachtungen vergleichen.

Die (Raum)Zeit wird es zeigen

Die Zahl der Tests oder Gesundheits-Checks, denen eine neue physikalische Theorie unterworfen werden kann, ist unbegrenzt. Glücklicherweise gibt es für viele Leiden frühzeitige Warnsignale, die helfen können, wenn es zu diagnostizieren gilt, ob das Modell wohl mit dem, was wir beobachten und erfahren, in Einklang zu bringen sein wird. Das Hauptziel bei der Entwicklung der massiven Gravitation bestand darin, die Auswirkung der Gravitation über große Entfernungen zu entspannen beziehungsweise zu schwächen. Deshalb begannen wir, kaum war unser Modell fertig, zu untersuchen, wie gut es sich in dieser Hinsicht tatsächlich entwickelte.

Diese Untersuchung (und viele andere) wäre ohne den genialen Erfindungsgeist von David Pirtskahalava, die brillante Kreativität und Entschlossenheit von Lavinia Heisenberg und die tiefen intuitiven Einsichten von Andrew Matas nicht möglich gewesen. David war einer von Gregorys Doktoranden, während Lavinia und Andrew ihre Promotionsarbeit etwa zur gleichen Zeit bei mir begannen. Unsere fortlaufenden Gespräche sowie ihre Leidenschaft für das Projekt halfen mir sehr während der Zeit der heftigen Konfrontation mit der wissenschaftlichen Gemeinschaft. Als wir dann die zweite Etappe unseres Abenteuers mit der massiven Gravitation begannen, begegneten sie dem Projekt mit mehr Einsicht und Verständnis als viele prominente Vertreter unseres Fachs, mit denen wir unsere Arbeit diskutierten.

Um zu testen, ob sich die massive Gravitation über große kosmologische Entfernungen hinweg tatsächlich abschwächt, mussten wir die Gravitation »massiv« machen, ohne dass sie so träge wurde, dass sie zu schnell entspannte und damit die gesamte Struktur und Evolution des Universums durcheinanderbrachte. Zwar darf die Gravitation bei Distanzen abschalten, die unserem heute beobachtbaren Universum entsprechen (rund 13,8 Milliarden Lichtjahren) – tatsächlich sind wir darauf angewiesen; wäre dies früher geschehen, hätten wir Zeichen dieser Entspannung bereits beobachten müssen. Wenn das Graviton zu massereich wäre, gäbe es zwischen den Millionen Kilometer voneinander entfernten Galaxienhaufen keinerlei gravitative Verbindung. Allein diese Beobachtung erlegt der Masse des Gravitons schon starke Einschränkungen auf, konkret: sie begrenzt die Masse auf weniger als den Kehrwert von einer Million Jahre, was auf der Energieskala rund 10^{-29} eV entspricht. Mit der von uns angenommenen Masse in der Größenordnung von 10^{-32} eV befanden wir uns also immer noch sicher innerhalb dieser Grenze. Trotzdem ist es bemerkenswert, dass das Vorhandensein gravitativ gebundener Galaxienhaufen der Masse des Gravitons eine der strengsten bekannten Einschränkungen auferlegt.

Neben unserer Beobachtung von ineinander verbandelten Galaxienhaufen gibt es noch eine beachtliche Menge weiterer Ressourcen zum Test der Gravitation. Eine der wichtigsten ist der direkte Nachweis von Glicht oder Gravitationswellen, die bei der

Verschmelzung zweier Schwarzer Löcher oder Neutronensterne emittiert werden. Weit entfernt davon, einen einzigen Ton unablässig zu wiederholen, bieten die Gravitationswellen, die von den Teams der bodengebunden Observatorien (den US-amerikanischen LIGO-Detektoren ebenso wie dem europäischen Detektor Virgo) eine ganze Sinfonie von Tönen, die sich in vollkommener Harmonie befinden. Wenn zwei kreisende Schwarze Löcher oder Neutronensterne in ihrem Tanz intimer werden, senden diese beiden Himmelsobjekte immer höhere Töne aus (Glichtstrahlen, die immer blauer werden). Bis zur Verschmelzung steigern sie ihre Frequenz mit wilder Heftigkeit.

Wie die Ausbreitung jeder massiven Welle hat auch die massive Gravitation die Eigenschaft, dass sich ihre Masse auf verschiedene Farben oder Frequenzen unterschiedlich auswirkt. Hochfrequente Wellen, wie sie in der Sinfonie gegen Ende emittiert werden, breiten sich, praktisch unbeeinflusst von der Anwesenheit einer kleinen Masse, mit einem Tempo nahe der Lichtgeschwindigkeit aus. Dagegen haben frühere Wellen eine niedrigere Frequenz und sind von ihrer Masse stärker belastet, was sie auf ihrer Reise durch das Universum verlangsamt. Wenn Gravitationswellen wirklich massiv sind, muss der Geschwindigkeitsunterschied zwischen niederfrequenten Moden, die früher ausgesandt werden, und den später emittierten hochfrequenten Moden nachweisbar groß sein, und das Signal erschiene verzerrt.

Obwohl Glicht vor wenigen Jahren erstmals nachgewiesen wurde, hat man das Gravitationswellen-Signal, das beim Verschmelzen Schwarzer Löcher ausgesandt wurde, inzwischen auf Kleidungsstücke und Accessoires fast jeder Art aufgedruckt – Mützen, Schutzmasken, Krawatten, Manschettenknöpfe, Kleider, Handyhüllen und Ohrringe. Eine vereinfachte Version dieses Si-

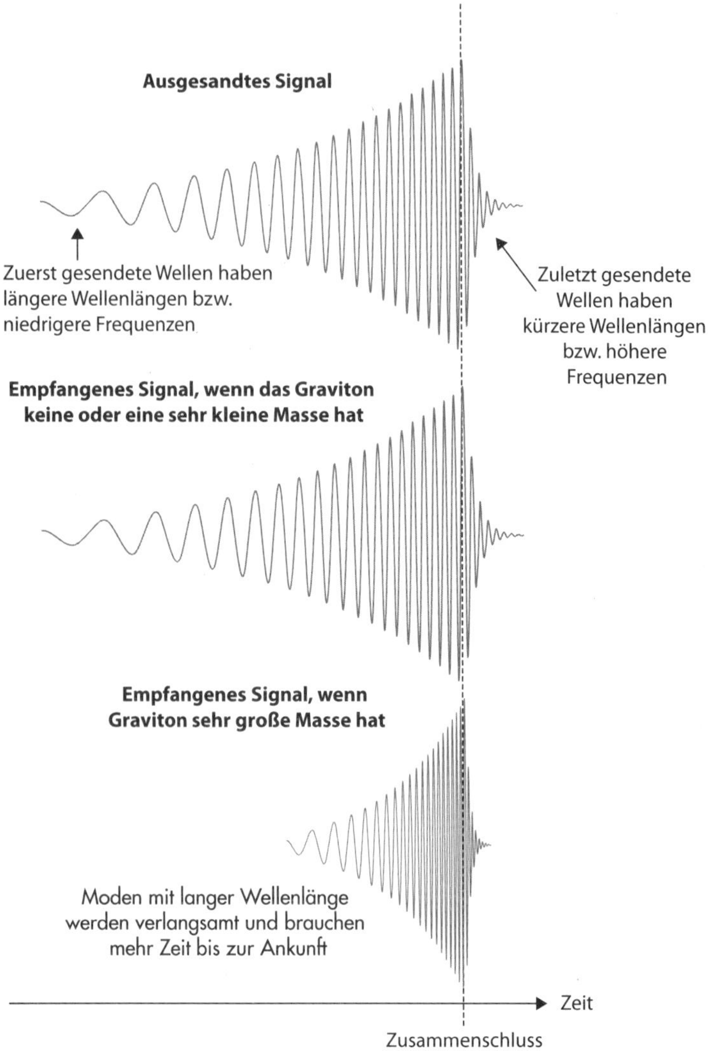

ABBILDUNG 7.1. Unterschiede zwischen bei uns ankommenden Gravitationswellen-Signalen in einer Welt, die ein masseloses Graviton hat (wie in der allgemeinen Relativitätstheorie) und in einer Welt mit einem massiven Graviton.

gnals ist in Abbildung 7.1 dargestellt. Würden sich alle Farben von Glicht mit genau der gleichen Geschwindigkeit ausbreiten, würde die Form des von uns empfangenen Signals mit der des emittierten Signals übereinstimmen. Das würde so sein, wenn die Gravitation masselos wäre (wie in der allgemeinen Relativitätstheorie) oder wenn die Masse hinreichend klein wäre. Wenn die Gravitation hingegen »sehr massereich« wäre, erschiene das Signal verzerrt, weil später emittierte höherfrequente Wellen die langsameren niederfrequenten Wellen einholen würden und das daraus resultierende von uns empfangene Signal komprimiert würde.

Bei realistischen Werten für die Masse des Gravitons wäre der Unterschied der Signale mit bloßem Auge auf keinen Fall zu erkennen. Der Anschaulichkeit halber zeigt Abbildung 7.1 ein Signal, das eine »dramatisch« erhöhte Graviton-Masse besitzt, ungefähr zwanzig Größenordnungen höher, als wir erwarten würden. Nachdem wir das beobachtete Signal sorgfältig analysiert und es mit unseren Erwartungen in Hinblick auf die emittierten Signale verglichen hatten, konnten die Teams von LIGO und Virgo eine zuverlässige Obergrenze für die Graviton-Masse angeben, nach der diese unter 10^{-21} eV bleiben muss. Da unsere Theorie der massiven Gravitation die Masse des Gravitons irgendwo in der Nachbarschaft von 10^{-32} eV erwartet, erfüllt sie diese Bedingung mühelos. Nebenbei bemerkt, wenn wir uns das Licht ansehen, so liegt die Schranke für die Photonenmasse unter etwa 10^{-20} eV; wir haben es also mit einer schwächeren Grenze zu tun. Obwohl wir Glicht erst seit wenigen Jahren nachweisen können und obwohl wir für diesen Nachweis erhebliche Infrastrukturprobleme bewältigen mussten, wissen wir bereits mehr über die Masse des Gravitons als über die des Photons! Der Umstand, dass das gewöhnliche Licht seit Jahrtausenden nachgewiesen wird und dass wir den in diesem

Zeitraum gewonnenen Erkenntnisstand durch eine einzige Entdeckung hinter uns gelassen haben, bezeugt, wie weit wir in unserem Verständnis der Gravitation schon gelangt sind.

Durch die Entdeckung vielfältiger neuer Glichtsignale, davon einige von Licht begleitet, hat man vor Kurzem die Obergrenze für die Masse der Gravitation auf weniger als etwa 10^{-22} eV korrigiert. Obwohl dies die Möglichkeiten für die Gravitonenmasse deutlich weniger einschränkt als die Existenz von gravitativ aneinandergebundenen Galaxienhaufen, ist die künftige Forschung in diesem Feld recht vielversprechend. Im nächsten Jahrzehnt werden neue Gravitationswellen-Observatorien im All entstehen. Gegenwärtig ist dazu die Mission Laser Interferometer Space Antenna (LISA) in Vorbereitung. LISA, bei der die Armlängen über zwei Millionen km lang sein werden, wird der Erde auf ihrer Umlaufbahn um die Sonne folgen. Und warum sollen wir es damit gut sein lassen? Mit den laufenden Beobachtungskampagnen der Pulsar Timing Arrays (PTA) und ihrem Nachweis eines niederfrequenten Gravitationswellenhintergrunds wird ein Netz pulsierender Sterne zu unserem Gravitationswellen-Observatorium [3]. Wir verwenden Sterne buchstäblich als Instrumente und haben auf diese Weise die Möglichkeit, Glicht zu beobachten, das niedrigere Frequenzen hat, als jemals angenommen wurde, und noch tiefer in die Natur der Gravitation einzudringen.

Pi in the Sky

Da die massive Gravitation mit dem Ziel entwickelt worden ist, verändertes Verhalten der Gravitation über große Entfernungen und lange Zeiträume hin zu beschreiben, sollten sich die stärksten

Einschränkungen ihrer Masse aus der Betrachtung der größten Maßstäbe ergeben. Hat die Gravitation Masse, egal, wie klein diese ist, wird immer ein Punkt kommen, wo sich die Auswirkungen dieser Masse zeigen werden. Am besten wäre es, einfach ein paar Milliarden Jahre zu warten und zu schauen, ob das Universum der von einem massiven oder einem masselosen Graviton vorgegebenen Entwicklung folgt. Wären unsere Lebensspannen (nebst unserer Geduld und Hingabe) so ewig wie unser Universum, wären unsere Schlussfolgerungen makellos. Glücklicherweise gibt es für endliche Wesen wie uns praktische Alternativen.

Eine Möglichkeit besteht in der Konzentration auf verschiedene Polarisationen. Dass es so schwierig ist, eine Theorie zu entwickeln, in der die Gravitation eine Masse hat, liegt unter anderem daran, dass schon kleinere Veränderungen an der Struktur der allgemeinen Relativitätstheorie ihre Grundlagen zerstören können. Wie gesehen bringen die zusätzlichen Polarisationen von Gravitationswellen, die auftreten, wenn die Gravitation Masse hat, jede Alternative zur allgemeinen Relativitätstheorie in größte Schwierigkeiten. Um eine schlüssige Theorie der massiven Gravitation zu entwickeln, hatten wir uns zunächst darauf konzentriert, sicherzustellen, dass es den sogenannten Geisterteilchen unmöglich war, in Erscheinung zu treten, spontan aus der Leere aufzutauchen und die gesamte Beschaffenheit der Realität zu vernichten. Das war keine leichte Aufgabe, aber jetzt, da wir ein Modell entwickelt haben, das die Geister für immer austreibt, können wir unsere Aufmerksamkeit den drei verbleibenden Polarisationen zuwenden, die es – neben den beiden schon in der allgemeinen Relativitätstheorie vorhandenen – in der massiven Gravitation gibt. Zwei von ihnen, die ±1-Moden, sind relativ harmlos, weil es schwer ist, sie hervorzurufen und ihre Effekte zu beobachten. Sie sind inaktiv und in den allermeisten Regionen des Universums unzugänglich. Die dritte zusätzliche Mode dagegen, die »Atmungsmode«, führt ein echtes Eigenleben. Häufig bezeichnet man diese Mode als »Pi«, durch π bezeichnet, weil sie, soweit wir sie verstehen, mit einem subatomaren Teilchen namens Pion (daher Pi) verwandt ist, das für die Vermittlung der starken Kernkraft im Inneren der Atomkerne verantwortlich ist.

Das π-Feld ist ein echtes Gravitationsfeld. Diese Mode wechselwirkt mit nichtrelativistischer Materie, etwa Sternen, Planeten, dunkler Materie und so fort, nicht aber direkt mit Licht oder anderen relativistischen Teilchen.[38] Das heißt, wenn wir betrachten, wie Licht unter dem Einfluss der Gravitation abgelenkt wird, würden wir in der massiven Gravitation das gleiche Ergebnis erhalten wie in der allgemeinen Relativitätstheorie (abgesehen von winzigen Korrekturen, die auf die Masse des Gravitons zurückgehen), weil das π-Feld keinen direkten Einfluss auf das Licht hat. Doch wenn wir zwei massereiche Objekte betrachten, zum Beispiel den Mond, der die Erde umkreist, kommen wir wegen der winzigen zusätzlichen Kraft, die von dem neuen π-Feld ausgeht, zu einem anderen Ergebnis als vorher. Diesen Effekt bezeichnen wir oft als fünfte Kraft, weil er über die vier bekannten Kräfte hinausgeht (allgemeine Relativitätstheorie, Elektromagnetismus, schwache Kernkraft, starke Kernkraft). Die fünfte Kraft, die vom π -Feld innerhalb unseres eigenen Sonnensystems erzeugt wird, liefert uns einen der besten Grenzwerte für die Gravitonenmasse – die Suche nach π an unserem eigenen Himmel.

38 Mit »nichtrelativistischer« Materie meinen wir massive Objekte oder Teilchen, deren Geschwindigkeit klein ist im Vergleich zu der des Lichts.

Wenn das Graviton so gut wie masselos ist, führt die π- oder Atmungsmode praktisch ein unabhängiges Einsiedlerdasein ohne Auswirkungen auf uns. In der Sprache der Wissenschaft sagen wir, das π-Feld sei entkoppelt. 1972 hat der theoretische Physiker Arkady Vainshtein den dafür verantwortlichen Mechanismus als Erster postuliert. Es dauerte fast dreißig Jahre, bis sein Argument präziser formuliert werden konnte, aber 2001 konnten Cedric Deffayet, Gia Dvali, Gregory Gabadadze und Arkady Vainshtein überzeugend zeigen, wie sich die sogenannte Vainshtein-Entkopplung verwirklichen ließ (im Zusammenhang jener Korrekturen zur Gravitation, die sich aus Extradimensionen ergeben); die gleichen Argumente gelten für unser Modell der massiven Gravitation. Sie entdeckten, dass diese π-Mode, wenn die Werte für die Gravitonenmasse klein genug sind, vollkommen von ihren eigenen Angelegenheiten in Anspruch genommen wird und so stark mit sich selbst wechselwirkt, dass ihr die Kraft fehlt, uns in die Quere zu kommen. Wenn das Graviton sehr leicht ist, fast masselos, ähnelt das Ergebnis daher dem Resultat, das wir in der allgemeinen Relativitätstheorie erhalten. Doch wenn die Gravitonenmasse nicht völlig vernachlässigbar ist, sind die leichten Auswirkungen dieser Mode mit heutigen Beobachtungsmöglichkeiten zu erkennen und hinterlassen charakteristische Spuren.

Eine solche Spur ist eine Korrektur für den Hulse-Taylor-Pulsar, dem wir schon früher begegnet sind. Diese beiden Sterne scheinen, elegant umeinanderkreisend, mit noch mehr Glicht als Licht, und ihr Energieverlust war die erste klare Bestätigung, dass Gravitationswellen existieren. Wenn die Gravitation massiv wäre, gäbe es mehr Sorten von Glicht als in der Relativitätstheorie. Dank diesem neuartigen Glicht – dieser π-Welle – können die beiden Sterne noch heller scheinen (dank Glicht, nicht Licht), und daraus ließe sich im Prinzip erschließen, ob das Graviton eine Masse hat oder nicht. Doch Andrew Matas, Andrew Tolley, Daniel Wesley und ich konnten zeigen, dass in der Praxis dieser neue Glanz zu schwach ist, solange die Gravitonenmasse nicht eine bestimmte Größe erreicht. Bei einer Gravitonenmasse in der Größenordnung, von der wir ausgehen, ist der Effekt der neuen Mode mittels sich umkreisender Neutronensterne nicht nachweisbar. Im Erde-Mond-System ist der Effekt dieser π-Variante des Glichts zwar noch kleiner, aber wir können das Geschehen mit so bemerkenswerter Genauigkeit messen, dass es uns eine der besten Grenzen der Gravitonenmasse überhaupt liefert. Doch was bedeutet »das Geschehen zu messen« eigentlich im Erde-Mond-System?

Während der Apollo-Missionen 11, 14 und 15 wurden eine Reihe von Spiegeln auf dem Mond installiert. Wenn wir nun von der Erde aus mit Laserimpulsen auf diese Spiegel zielen und das reflektierte Licht beobachten, können wir die Position des Mondes mit einer Genauigkeit von 1,1 mm bestimmen, über mehr als elf Größenordnungen. Dieses Experiment, das unter dem Namen Lunar Laser Ranging (LLR) geführt wird, ist nach wie vor eines der besten Verfahren zur Erforschung der Gravitation.[39] Um eine solche Genauigkeit zu erreichen, muss man nicht nur die Verzögerung berücksichtigen, der das Licht bei der Ausbreitung durch

39 Inzwischen hat man empfindlichere Methoden zur Überprüfung des Äquivalenzprinzips entwickelt. Beispielsweise erfasst die Microscope Space Mission eine Veränderung der Beschleunigungsrate zwischen zwei Atomen, deren Ursache beispielsweise eine fünfte Kraft oder ein signifikanter Unterschied zwischen ihrer schweren und trägen Masse sein kann. Microscope erreicht eine Empfindlichkeit von rund 10^{-15}, aber der Effekt unserer Pi-Mode wäre in dieser Situation schwerer nachzuweisen als in dem LLR-Erde-Mond-System.

unsere eigene Atmosphäre unterliegt, sondern auch die Form der Erde sowie die Geschwindigkeit des Mondes und die Lorentz-Kontraktionen, die sich daraus ergeben.[40] Um ein signifikant höheres Maß an Genauigkeit zu erreichen, müssten wir zusätzlich noch recht subtile Effekte berücksichtigen, etwa den Einfluss der Blätter, die im Frühling an Bäumen wachsen und im Herbst zu Boden fallen. Selbst Klimaveränderungen rufen Veränderungen der Masseverteilung auf der Erde hervor, die sich ein wenig auf die Gravitationanziehung zwischen Erde und Mond auswirken.

Die LLR-Messungen haben uns ein unglaublich genaues Bild von der Gravitationsanziehung zwischen Erde und Mond vermittelt; bislang ist noch kein neuer π-Flavor-Effekt entdeckt worden. Was wir bisher beobachtet haben, befindet sich mit einer Genauigkeit von elf Größenordnungen in vollkommenem Einklang mit der allgemeinen Relativitätstheorie. Wäre also die Gravitation massiv und gäbe es Spuren der neuen π-Variante am Himmel, müssten wir sichergehen, dass sein Effekt auf das Erde-Mond-System mindestens um elf Größenordnungen kleiner ist als der seiner beiden Vettern (der +- und ×-Polarisationen, die in der allgemeinen Relativitätstheorie vorkommen). Angenommen, man könnte der Theorie auf dieser Ebene vertrauen, würden solche Überlegungen der Gravitonmasse einige der gegenwärtig strengsten Obergrenzen auferlegen und sie zwingen, unterhalb von 10^{-30} eV zu bleiben. Das ist ohne Zwei-

40 Da der Mond sich relativ zur Erde bewegt, müssen wir neben der Raumzeitkrümmung auch Effekte der speziellen Relativitätstheorie berücksichtigen, die unsere Entfernungs- und Zeitmessungen am Erde-Mond-System beeinflussen. Dass sich Längen und Entfernungen dabei als Effekt der speziellen Relativitätstheorie etwas verkürzen, heißt Lorentz-Kontraktion.

fel klein, aber immer noch innerhalb des für die Kosmologie interessanten Massenbereichs. Es erstaunt mich immer wieder, dass wir durch eine Beobachtung der Bewegung unseres eigenen Mondes in der Lage sind, das gesamte Universum besser zu verstehen – sein Schicksal, seine beschleunigte Expansion und das Meer von Quantenfluktuationen aller Teilchen, von deren Existenz wir wissen, und all jener, die noch unentdeckt sind.

Die unabänderliche Quantennatur der Gravitation

An diesem Punkt habe ich zweifellos schon wieder große Teile unserer wissenschaftlichen Gemeinschaft vor den Kopf gestoßen, weil ich hin- und hergesprungen bin zwischen dem klassischen Gravitationsbegriff mit seinen Gravitationswellen und dem Quantenbegriff eines fundamentalen, mit der Gravitation assoziierten Teilchens, dem Graviton – oder noch schlimmer, dessen virtuellen Gegenstück. Schließlich ist jeder Physikstudent in den höheren Semestern mit der unüberbrückbaren Kluft zwischen der klassischen Welt der Gravitation und der allgemeinen Relativitätstheorie einerseits und dem Quantenreich der Teilchenphysik andererseits vertraut. Diese Bereiche zu versöhnen bleibt eine der größten Aufgaben der Physik. In dem Versuch, die allgemeine Relativitätstheorie bei hohen Energieskalen (oder Krümmungen) zu vervollständigen und sie mit dem Rest der quantenphysikalischen Quantenwelt zu vereinigen, hat man vieles vorgeschlagen – Stringtheorie, Kausalmengen, Schleifenquantengravitation und andere nicht-lokale Modelle der Quantengravitation. Ohne zu sehr ins Detail zu gehen, lässt sich wohl sagen, dass in den letzten fünfzig Jahren zwar beachtliche Fortschritte erzielt worden sind, dass wir aber trotzdem noch eine hübsche Wegstrecke vor uns haben, bevor wir über eine allgemein anerkannte fundamentale Theorie der Quantengravitation verfügen, die alle Kräfte der Natur vereinigt.

Unsere Theorie der massiven Gravitation war nie dazu gedacht, dieses fundamentale Rätsel anzugehen oder gar zu lösen, aber die Schicksale der massiven Gravitation und der Quantengravitation hängen trotzdem direkt miteinander zusammen. Anders als die allgemeine Relativitätstheorie und andere alternative Gravitationstheorien, die sich in erster Linie an einem klassischen, geometrischen Bild der Raumzeit orientieren, ist der Baustein der massiven Gravitation ein Teilchen, das Graviton, das nach unserer Ansicht Masse besitzt. Wenn wir diesen Standpunkt einnehmen, akzeptieren wir von Anfang an seine Quantennatur, daher wäre unser Abenteuer nicht vollständig, ohne genauer zu verstehen, was es für die Gravitation heißt, den Gesetzen der Quantenwelt zu gehorchen. Während die folgenden Untersuchungen nicht speziell auf die massive Gravitation zugeschnitten sind, wird sich doch zeigen, dass sie entscheidend für ihre Entwicklung und auch dafür sind, ob sich unsere Theorie am Ende durchsetzen wird.

Die Suche nach einer endgültigen Theorie der Quantengravitation (massiv oder nicht) ist die Suche nach einer Theorie, die auch noch bei extremer Raumzeitkrümmung gültig ist – auf der Planck-Skala und möglicherweise sogar darüber hinaus. Wenn wir uns stattdessen bescheidenere Ziele setzen und uns einfach mit Krümmungsskalen weit unterhalb der Planck-Skala zufriedengeben, lässt sich die Gravitation ohne Schwierigkeit quantenmechanisch behandeln. Die entsprechenden Modelle bezeichnet man als »effektive« Quantenfeldtheorien der Gravitation. Das ist der Grund, warum wir in unserer Erörterung bisher nicht besonders achtsam in unserer Unterscheidung zwischen der klassischen und der quantenmechanischen Beschreibung der Gravitation gewesen sind.

Mit unserem gegenwärtigen Verständnis der Gravitation auf der einen Seite und dem der Quantenwelt auf der anderen könnte man sogar die Ansicht vertreten, dass die Gravitation – wie das Licht – seiner Natur nach der Quantenwelt angehört. Das gilt gleichermaßen für die allgemeine Relativitätstheorie und die Theorie der massiven Gravitation. Denn alles ist mit der Gravitation verbunden und an sie gekoppelt, auch alle Elementarteilchen wie zum Beispiel die Elektronen. Die Quantennatur von Elektronen steht nun aber außer Zweifel. Doch Elektronen unterliegen der Schwerkraft, und umgekehrt beeinflussen Elektronen ihrerseits die Schwerkraft. Wenn wir *sehr genau* verstehen wollen, wie Elektronen sich entwickeln, müssen wir Genaueres über die Krümmung der Raumzeit erfahren, in der sie sich befinden. Doch auch ohne diese Kenntnis wissen wir, dass sich die Anwesenheit dieser Elektronen auf die Raumzeitkrümmung auswirkt. In diesem Sinne wirken Elektronen durch die Vermittlung der Gravitation auf sich selbst zurück.

Diese Art von Rückwirkung gibt es überall, in der klassischen wie in der Quantenphysik. Wenn Sie beim Fliegen jemals eine 360-Grad-Steilkurve erlebt haben, werden Sie sich erinnern, dass man beim Ausleiten nach der Kurve eine gewisse Bockigkeit verspürt. Bockigkeit in der Luft mag etwas unheimlich erscheinen, aber unter diesen Umständen ist sie ein willkommenes Zeichen – sie sagt uns, dass das Flugzeug in der Luft einen vollkommen ebenen Kreis beschrieben hat, sodass es sich beim Ausleiten der

Kurve genau dort befindet, wo es begonnen hat. Wenn die Maschine zur Kurve ansetzt, versetzt sie den Luftstrom in Unruhe, der seinerseits das Flugzeug beim Ausleiten durchschüttelt. Mit anderen Worten, die Bockigkeit wird durch die Rückreaktion des Flugzeugs hervorgerufen.

Natürlich sind Elektronen keine kleinen Segelflugzeuge, und die Gravitation ist kein Medium wie die Luft. Trotzdem gibt es eine Ähnlichkeit. Elektronen können durch Vermittlung von Licht und Gravitation auf sich selbst einwirken. Trotzdem gehören Elektronen ihrer Natur nach auch der Quantenwelt an. Egal, wie genau unsere Instrumente sind, wir können nicht mit beliebiger Genauigkeit sowohl ihre Position als auch ihren Impuls bestimmen. Wenn Elektronen den Kern eines Atoms umkreisen, können sie sich ihren Aufenthaltsort nicht frei aussuchen: Sie gehorchen Regeln, die in Form von Quantenwahrscheinlichkeiten ausgedrückt werden. Wären Elektronen durch Vermittlung eines klassischen Systems zu einer Rückreaktion auf sich selbst in der Lage, könnten wir dieses klassische System beliebig genau vermessen und auf diesem Wege Position und Impuls des Elektrons in einer Weise bestimmen, die von der Quantenphysik verboten wird. Die quantenmechanischen Wahrscheinlichkeitsgesetze wären außer Kraft gesetzt. Sie würden die »Unitarität verletzen«, soll heißen, die Wahrscheinlichkeiten einiger Prozesse könnten negativ oder komplex (nicht reell) sein. Es könnten sogar Prozesse mit einer größeren Wahrscheinlichkeit als 100 % auftreten. Dann wäre alles einschließlich der Natur selbst und der Realitätsstruktur erheblich anders beschaffen. Damit die Unitarität für ein Quantenelektron gültig bleibt, müssen Gravitation, Licht und alles andere, mit dem es in Beziehung steht, denselben Quantenregeln folgen. So gesehen, ist die Quantennatur der Gravitation nicht nur eine Möglichkeit, sondern eine absolute Notwendigkeit, ohne die die Naturgesetze, so wie wir sie kennen, außer Kraft gesetzt wären. Das gilt für die allgemeine Relativitätstheorie und genauso zwingend für die massive Gravitation.

Von Wellen zu Teilchen

Der Unterschied zwischen dem klassischen Konzept einer Welle und dem Quantenkonzept eines Teilchens ist eigentlich eine Familienangelegenheit. Als erstes fundamentales Teilchen wurde 1897 das Elektron von Sir Joseph John Thomson entdeckt, wofür er 1906 den Nobelpreis erhielt, als sein Sohn George Paget Thomson ein Teenager war. Da der Nobelpreis für die Entdeckung der Teilcheneigenschaften des Elektrons also bereits seinem Vater verliehen worden war, blieb George Thomson nichts anderes übrig, als den Wellencharakter des Elektrons nachzuweisen, eine Entdeckung, die ihm 1937 einen Nobelpreis eintrug (zusammen mit dem Physiker Clinton Davisson, dem unabhängig der gleiche Nachweis gelungen war). Damals war George Thomson Professor am Imperial College, und sein Porträt hängt noch immer im Eingangsbereich des physikalischen Instituts und erinnert mich jedes Mal, wenn ich das Gebäude betrete, an den grundlegenden Welle-Teilchen-Dualismus der Natur.

Vor allem wollten Thomson und Davisson zeigen, dass sich das Elektron beugen lässt. Zur Beugung kommt es, wenn Wellen an ein Hindernis oder eine Öffnung kommen und dadurch ihre Form verändern. In einem Kanal oder einem Schwimmbecken lässt sich die Wasserbeugung leicht beobachten; Licht (und sicherlich auch Glicht) lässt in Wellenform fast die gleiche Eigenschaft erkennen. Thomson und Davissons Entdeckungen bewiesen, dass »etwas« so Fundmentales wie das Elektron sich in seinem Verhalten auf zweifache Weise beschreiben ließ, sowohl als Teilchen als auch als Welle. Dieser Welle-Teilchen-Dualismus wurde in den 1920er Jahren von Louis Victor Pierre Raymond, 7. Herzog de Broglie, in seiner – man höre und staune – Dissertation vorgeschlagen (was alle nachfolgenden Generationen von Doktoranden natürlich überhaupt nicht unter Druck gesetzt hat). Den gleichen Dualismus hatte Einstein mit seinen »Licht-Quanten« bereits 1905 für das Licht vorgeschlagen, wobei er sich auf die Arbeit von Max Planck stützte. Lichtquanten waren ein entscheidendes Konzept. Es stand im Zentrum von Einsteins für seinen Nobelpreis maßgeblicher Beschreibung des photoelektrischen Effekts. Mit dem Beweis, dass Elektronen sich wie Wellen verhalten, bestätigten Thomson und Davisson die Vorhersage, dass Teilchen wellenartige Eigenschaften zeigen, die den Regeln der Quantenmechanik gehorchen.

Vor Einstein und Planck hielt man Licht für ein rein klassisches Phänomen wellenartiger Fluktuationen in elektrischen und magnetischen Feldern. Planck schlug als Erster widerstrebend vor, dass die von strahlenden Atomen emittierte und von diesen Wellen getragene Energie nicht beliebig sein könne und in diskrete Größen (»Quanten«) quantisiert werden müsste, deren Energie von der Frequenz der Strahlung abhänge. In seiner Sichtweise war Licht nach wie vor ein klassisches Phänomen, aber er erkannte, dass die Absorption und Emission von Licht quantisiert waren. Einstein erweiterte diese Überlegungen mit seiner erfolgreichen Quantenbeschreibung des photoelektrischen Effekts, wonach diese quantisierten Energien sogar im Vakuum eine Eigenschaft des Lichts seien. Licht einer gegebenen Frequenz konnte also nur in diskreten Energiemengen absorbiert oder emittiert werden. Wenn Sie einen Laser haben, der rotes Licht mit der Frequenz 455 THz ausstrahlt, können Sie von diesem Licht exakt 0,3 eV oder das Doppelte oder das Dreifache absorbieren, aber nie einen Energiewert, der zwischen diesen Vielfachen liegt. Um eine bestimmte Energiemenge aufzunehmen, brauchen Sie gewissermaßen genau passendes Wechselgeld. Dieses fundamentale Lichtquant erhielt später die Bezeichnung *Photon*. Meistens können wir unter gewöhnlichen Umständen das Sonnenlicht als eine Welle oder eine Überlagerung von Wellen mit verschiedenen Farben oder Frequenzen beschreiben. Doch wenn man auf der Ebene der Atomkerne beschreibt, wie Licht im Innersten der Sonne freigesetzt wird, geht das nur, wenn wir die Quantennatur des Lichts berücksichtigen, und damit rückt das Teilchen, das Photon, in den Vordergrund.

Natürlich können wir Licht auf eine Weise erzeugen, die sich seine Quantennatur nicht gänzlich zunutze macht, was James Clerk Maxwell durchaus bewusst war. Die Beschleunigung einer elektrischen Ladung reicht aus, um Licht auf klassische Weise zu erzeugen, ein Umstand, der routinemäßig in jedem Sender verwendet wird und auf dem jede drahtlose Kommunikation beruht, eingeschlossen die Signale, die wir auf unseren Handys empfangen. Glicht wird durch die Beschleunigung von astronomisch großen Massen erzeugt, etwa von Neutronensternen und Schwarzen Löchern, die umeinanderkreisen. Als wir unsere ersten Glichtstrahlen beobachteten, hatten wir die klassischen Aspekte der Gravitation, besonders ihre Wellennatur, fest im Griff, während es ihre Quantennatur noch zu beweisen galt.

Der Welle-Teilchen-Dualismus ist ein inhärenter Bestandteil der Quantentheorie und wurde für Licht, Elektronen und alle anderen bekannten Teilchen gründlich getestet und bestätigt bis auf eines: das Graviton. Angesichts der auffallenden Ähnlichkeiten, die wir zwischen Elektromagnetismus und Gravitation, zwischen elektromagnetischen Wellen und Gravitationswellen – also zwischen Licht und Glicht – beobachtet haben, ist es nur eine Frage der Zeit, bis es gelingt, die Gravitation auch auf der Ebene von Quantenteilchen zu beschreiben. Wie das Photon das Teilchen ist, das mit Licht assoziiert ist, ist das Graviton das Teilchen, das mit Glicht assoziiert sein sollte. Das Graviton müsste von zentraler Bedeutung für jedes Gravitationsmodell sein, ob in der allgemeinen Relativitätstheorie, der massiven Gravitation oder irgendeiner anderen Darstellung der Gravitation. Doch im Vergleich zu dem Versuch, die Quantennatur auch nur auf der einfachsten und fundamentalsten niederenergetischen Ebene zu beweisen, waren alle vorangehenden Bemühungen ein Kinderspiel. Tatsächlich ist bei dieser endgültigen Reise die Ziellinie noch nicht einmal in Sicht. Uns geht es hier daher nicht um die Frage, welches Bild der Quantengravitation letztlich das richtige ist (so es das überhaupt gibt), sondern wir wollen herausfinden, was eine solche Suche einschließen müsste und was wir auf dem Weg lernen könnten.

Die letzte Reise

Wenn wir an einem warmen Tag in der Sonne liegen, erreicht unsere Haut in der Regel von der Sonne ein Strahlungsfluss, der 10^{17} Photonen pro Sekunde und Quadratzentimeter beträgt. Umgerechnet erreichen in jeder Sekunde fast eine Milliarde Milliarden Photonen unsere Augen! Um die Quantennatur des Lichts nachzuweisen, müssten wir in der Lage sein, ein einziges Photon aus seinen Multimilliarden Gefährten zu isolieren und zu zeigen, dass seine Energie proportional zu seiner Frequenz ist. Die Aufgabe mag kaum lösbar erscheinen; und in der Tat gelang es erst 2020 einer Forschungsgruppe an der École Polytechnique Fédérale de Lausanne, eine Megapixel-Kamera zu entwickeln, die einzelne Photonen erfassen konnte. Doch die Zellen in der Netzhaut mancher Frösche können Licht in Form einiger weniger Photonen wahrnehmen, wenn nicht gar eines einzigen. Jahrmillionen Evolution haben ihre Netzhautzellen in ideale Quantendetektoren verwandelt.

Ein einzelnes Graviton nachzuweisen ist allerdings noch einmal deutlich schwieriger, da die Gravitation rund eine Million Billionen Mal schwächer ist als die elektroschwache Kraft. Um zu verstehen, warum die Gravitation so schwach ist, können wir zur Planck-Energieskala zurückgehen, die von der von Isaac Newton eingeführten Gravitations-Kopplungskonstante abhängt und zum einen die Stärke von Gravitations-Wechselwirkungen festlegt und uns zum anderen den Punkt anzeigt, an dem die allgemeine Relativitätstheorie versagen muss. In Energieeinheiten liegt die Planckskala bei rund 100 Kilowattstunden, was in der Energieeinheit der Teilchenphysik 10^{19} GeV entspricht. Für die elektroschwache Kraft ist die entsprechende Skala die Fermi-Energie (benannt nach dem italienischen Physiker Enrico Fermi), auch elektroschwache Skala genannt, bei 246 GeV.[41]

41 Genau deswegen ist das Interesse so groß, die Teilchenphysik bei ungefähr dieser Energieskala mithilfe von Teilchenbeschleunigern zu erkunden, wie es derzeit am Large Hadron Collider (LHC) des CERN (Conseil Européen pour la Recherche Nucléaire) geschieht.

Die entsprechenden Skalen unterscheiden sich um mehr als siebzehn Größenordnungen (von 10^{19} GeV für die Planck-Skala bis zu 246 GeV für die Fermi-Skala), und diese gewaltige Diskrepanz der Energieskalen erklärt, warum die Gravitation so viel schwächer ist. Um normales Licht zu erzeugen, brauchen wir nur die Elektronen in einer Glühbirne zu beschleunigen. Im Gegensatz dazu ist die Kraft der Gravitation so gering, dass wir zur Erzeugung von Glicht ähnlicher Amplitude astromische Objekte wie Sterne oder Schwarze Löcher beschleunigen und kataklysmisch verschmelzen müssten. Heute hat jeder Physikstudent in den Anfangssemestern die Möglichkeit, im Rahmen der üblichen Laborarbeit mit der Quantennatur des Lichts zu experimentieren. Leider würde die Ausrüstung der Labors für Studienanfänger mit Neutronensternen etwas kostspielig werden (von der Arbeitssicherheit ganz abgesehen); daher wird der Lehrplan für Studienanfänger in naher Zukunft wohl kaum die Erforschung der Quantennatur der Gravitation vorsehen. Viele der klügsten Köpfe des vorigen Jahrhunderts haben darüber nachgedacht, wie man einzelne Gravitonen nachweisen könnte, ohne bislang zu einem befriedigenden Ergebnis zu kommen. Einige der am weitesten ausgearbeiteten Gedankenexperimente dazu finden sich in der Rede von Freeman Dyson 2012 zur Verleihung des Henri-Poincaré-Preises [23].

Die Gravitationswellen, die wir gegenwärtig auf der Erde nachweisen können, haben eine typische Amplitude von 10^{-20}, mit anderen Worten: Zwei Spiegel, die 4 km voneinander entfernt in einem Vakuumtunnel aufgestellt sind, würden um eine Distanz von 4×10^{-20} km oder 10^{-17} m relativ zueinander verschoben, was einem Hundertstel der Größe eines Protons entspräche. Bei einer Frequenz von rund 100 Hz bestanden die Gravitationswellen, die

LIGO nachgewiesen hat, aus rund 10^{40} Gravitonen. Das ist weit mehr als der Photonenfluss, den wir von der Sonne empfangen! Doch in diesem Fall ist »mehr« nicht gleichbedeutend mit »besser« – bei Weitem nicht. Aus einem Fluss so vieler Gravitonen ein einzelnes zu isolieren ist weit schwieriger. Wenn 10^{40} Gravitonen erforderlich sind, um zwei Spiegel um eine Distanz von einem Hundertstel der Größe eines Protons zu verschieben, dann folgt daraus, dass ein einzelnes Graviton derselben Frequenz im günstigsten Fall eine um vierzig Größenordnungen schwächere Amplitude hätte. Die 4 km auseinanderstehenden Spiegel würden um eine Distanz von 10^{-57} m verschoben, weit weniger als die Planck-Länge. Ein solches Maß an Genauigkeit zu erzielen wäre nicht nur technisch schwierig, sondern schlicht und einfach unmöglich, weil es die Heisenberg'sche Unschärferelation verletzen würde.

Daraus folgt, dass der Nachweis eines einzelnen Gravitons durch LIGO, Virgo, KAGRA oder irgendein anderes auf der Erde befindliches Gravitationswellen-Interferometer nicht zu erwarten ist. Was wäre mit Instrumenten im All? Im Prinzip können wir uns ein Gravitationswellen-Interferometer vorstellen, dessen Arme so lang wie das Universum selbst sind (Sie erinnern sich, ich bin Theoretikerin). Leider würde das auch nicht helfen. Ein Interferometer reagiert am empfindlichsten auf Glicht mit Wellenlängen, die von der gleichen Größenordnung sind wie die Länge seiner Arme. Infolgedessen gilt, je länger die Arme unseres Detektors, desto größer die Wellenlänge der beobachteten Gravitationswellen, was dann wiederum bedeutet, dass das Signal schwächer ist und dass jedes einzelne Graviton weniger Energie trägt. Offenbar lässt sich kein Gravitationswellen-Interferometer vorstellen – ob groß oder klein –, bei dem der Effekt eines einzelnen Gravitons jemals größer wäre als die Planck-Skala.

Unsere letzte Reise fängt offenbar schlecht an. Vielleicht sind wir falsch abgebogen? Könnte es andere Wege geben? Wie Einstein als Erster erkannt hat, lässt sich die Quantennatur des Lichts leichter durch die Beobachtung des photoelektrischen Effekts beweisen, indem man Atome als Detektoren verwendet. Elektronen, die den Kern von Atomen umkreisen, müssen sich an eine bestimmte Quantenbahn halten und können nur zum nächsten Zustand höherer Energie übergehen, wenn sie ein bestimmtes Energiequantum aufnehmen – etwa indem sie ein Photon mit genau der benötigten Energie absorbieren. Wird ein Atom mit Licht von zu niedriger Frequenz bestrahlt, werden die Elektronen nie in der Lage sein, die erforderlichen Lichtquanten aufzunehmen und auf eine höhere Bahn zu springen, egal, wie intensiv das Licht ist (d. h. egal, wie viele Photonen es gibt). Wie man den richtigen Schlüssel braucht, um eine Tür zu öffnen, braucht man die richtige Frequenz, um das Elektron auf eine höhere Bahn zu schicken.

Theoretisch könnten wir einen ähnlichen Mechanismus für Glicht entwickeln. Wird ein Atom mit Licht bestrahlt, brauchen wir »nur« noch zu zeigen, dass Elektronen nur dann in der Lage sind, eine Bahn höher zu springen, wenn Glicht von der richtigen Frequenz verwendet wird. In der Theorie ist das einfach, aber um ausreichend Glicht zu erzeugen, braucht man astronomische Ereignisse – etwa die Verschmelzung zweier Sterne oder Schwarzer Löcher –, nicht etwas, was man im Labor versuchen könnte. Auch scheint es kaum angeraten zu sein, das kostbare Atom in die Nachbarschaft einer gewaltigen kosmischen Kollision zu bringen und dann zu schauen, ob die Elektronen Lust haben, eine Bahn höher zu springen. Vielleicht könnte man stattdessen zu Hause bleiben und das Glicht von der Sonne verwenden, denn die Kollision von Elektronen und Ionen in ihrem Plasma erzeugen ein

Spektrum thermischer Glichtstrahlung. Leider erreicht uns dieser Glichtfluss zusammen mit Neutrinos und Licht, die das Signal vollkommen verdecken würden. Man könnte versuchen, das Atom oder Instrument vor Neutrino- und Lichtstrahlen zu schützen und nur Glicht durch die Schutzwände zu lassen. Das mag theoretisch möglich sein, aber mit dem gegenwärtig bekannten Materieformen wären die Schutzwände so massiv, dass das Experiment unter der eigenen Gravitationsanziehung zu einem Schwarzen Loch zusammenstürzte – noch ein Berufsrisiko auf unserer gefährlichen Reise. Leider sind das, wie Dyson zeigte, die unangenehmen Nebenwirkungen der Realität in dem Universum, das wir nun einmal bewohnen. Zwar zeigen sie nicht, dass der Nachweis eines einzelnen Gravitons unmöglich ist, aber sie belegen doch, wie unendlich schwierig es wäre. Vielleicht werden sich in den kommenden Jahrhunderten oder Jahrtausenden neue Möglichkeiten eröffnen, wenn es uns gelungen ist, die dunkle Materie oder andere Bereiche der Materie besser zu verstehen und zu meistern. Dann wird man möglicherweise in der Lage sein, die Atome mit Glicht zu bestrahlen, ohne alles mit Licht und anderen gewöhnlichen Teilchen zu überschütten. Zum gegenwärtigen Zeitpunkt liegen diese Möglichkeiten noch im Reich der Science-Fiction.

Wir könnten uns fragen, ob wir bei unserer Suche nach dem Graviton irgendetwas übersehen haben. Die Antwort könnte – in aller Einfachheit und Naivität – lauten, dass wir den ganzen Himmel als Forschungsinstrument nehmen sollten. Das mag absurd klingen, aber was wäre besser zur Erforschung der Raumzeitstruktur geeignet als das einzige Objekt, von dem wir fast mit Sicherheit wissen, dass es während des Urknalls aus der Quantengravitation hervorgegangen ist: unser Universum als Ganzes.

Man nimmt an, dass es überall im Universum zu winzigen Quantenfluktuationen in der Krümmung der Raumzeitstruktur kommt. Diese Fluktuationen sind so klein und unbedeutend, dass wir nicht hoffen können, sie jemals beobachten zu können, zumindest nicht, solange sie nicht direkt vor uns auftauchen und wieder verschwinden. Doch wie in Kapitel 4 erörtert, glauben die meisten Kosmologen, dass das Universum, als es seine 10^{-33}. Sekunde feierte, eine Inflationsphase, d.h. eine extrem rasche, beschleunigte Expansion, erlebte.[42] Die während dieser ultraschnellen Expansion gebildeten Fluktuationen wurden fast augenblicklich zu kosmologischer Größe gestreckt. Diese primordiale beschleunigte Expansion des Universums wirkte wie ein Vergrößerungsglas, streckte die kleinste Quantenfluktuation zu kosmologischen Dimensionen. Das mag vollständig verrückt klingen, bis man nach oben blickt und diese Quantenfluktuationen am Himmel beobachtet. Heute ist bestätigt, dass das Licht, das uns aus der Frühzeit unseres Kosmos erreicht, die Abdrücke dieser Fluktuationen aufweist.

Diese Beobachtungen gestatten uns, die Quantennatur der urtümlichen Krümmungsfluktuationen zu untersuchen. Doch das beweist lediglich, dass unsere Raumzeit damals ein Quantenteilchen beherbergte, so wie die Quantennatur des Elektrons darauf

42 Es gibt Alternativen zur Inflationstheorie, nach denen möglicherweise andere Mechanismen dafür verantwortlich sind, dass die kleinen Fluktuationen der Krümmung zu kosmologischen Ausmaßen gestreckt wurden, aber alle diese Modelle sind sich in Hinblick auf die Quantennatur und den Ursprung dieser Fluktuationen einig. In Alternativen zur Inflationstheorie gibt es allerdings vielleicht keine Tensor-Fluktuationen, daher könnte es unmöglich sein, die Quantennatur der Gravitation mit ihnen auf die hier beschriebene Art zu beweisen.

schließen lässt, dass die Quantennatur der Gravitation eigentlich *nötig* wäre, aber diese nicht *beweist*. Um die Quantennatur der Raumzeit oder der Gravitation zu beweisen, müssten wir zeigen, dass zu Anfang des Universums kleine Quantenfluktuationen der Gravitation wie Blasen spontan auftraten und wieder verschwanden. Auch solche Gravitations- oder Tensor-Fluktuationen wären zu kosmologischen Ausmaßen gestreckt worden und hätten einen Abdruck auf dem Licht hinterlassen, das uns aus dem frühen Universum erreicht. Da Glicht als Mixtur zweier Polarisationen auftreten kann, sollten sich auf dem Licht spezifisch polarisierte Abdrücke befinden.

Viele Instrumente spüren ihnen schon nach. Einige setzen auf Polarimeter (Geräte zur Bestimmung der Polarisation von Licht), die man mit Ballons am Südpol aufsteigen und durch die oberen Schichten der Atmosphäre treiben lässt, von wo aus sie freie Sicht auf große Teile des Himmels haben. Bei anderen handelt es sich um Teleskope, die sich an entlegenen Orten wie dem Südpol oder der Atacama-Wüste in Chile befinden. Alle diese Instrumente sind so konstruiert, dass sie besonders empfindlich für die Polarisation des primordialen Lichts sind, das uns als kosmische Hintergrundstrahlung erreicht. Der Nachweis eines ungewöhnlichen Polarisationsmusters mit einer spezifischen Verteilung könnte darauf hinweisen, dass Quantenfluktuationen der Gravitation im sehr frühen Universum Abdrücke am Himmel hinterlassen haben und dass die Gravitation tatsächlich ein Quantenereignis fundamentalster Art ist.

Bislang hat noch kein Experiment solche Beobachtungen zuverlässig bestätigen können, aber die Jagd hat gerade erst begonnen. Während des nächsten oder der nächsten zwei Jahrzehnte werden Experimente auf der Erde und vielleicht im All ermöglichen, die Polarisation des Lichts aus dem frühen Universum über einen großen Teil des Himmels zu erforschen und unter Umständen zu bestätigen, dass es tatsächlich Quantenfluktuationen der Gravitation enthält.

Doch selbst wenn man keine Abdrücke der urtümlichen Gravitationswellen auf der Polarisation des Lichts findet, ist noch nicht alles verloren. Seit seiner Erzeugung vor rund 13,8 Milliarden Jahren ist das urtümliche Glicht im Universum unterwegs. In der nahen Zukunft wird es vielleicht möglich sein, etwas von ihm einzufangen. Mithilfe von künftigen Weltraummissionen wie LISA oder Experimenten wie PTA gelingt es vielleicht, das Glühen des ältesten Glichts zu beobachten, das durch eine Quantenfluktuation im frühen Universum hervorgerufen und von diesem selbst zu beobachtbaren Ausmaßen vergrößert wurde. Dieses Glühen des Glichts vom Anfang des Universums käme aus jeder Richtung des Himmels und hätte eine hinreichend niedrige Frequenz und exakte Statistik, um erkennen zu lassen, dass es in sehr frühen Phasen des Universums erzeugt wurde.

Die Nachweise solch urtümlichen Glichts, dessen Spektrum dem entspricht, was die Quantenfluktuationen vorgeben, würde uns nicht nur einen Blick in die frühe Kindheit des Universums gewähren, sondern wäre auch ein weiterer Hinweis darauf, dass Gravitation und das innerste Gefüge der Raumzeit gänzlich der Quantenwelt angehören, was den Weg bereiten würde, auf dem sich die Existenz des Gravitons beweisen ließe. Wenn wir unsere Beobachtungen in diese Richtungen lenken, fänden wir vielleicht am Ende eine Antwort auf die Frage, ob das Graviton Masse hat oder nicht. Vielleicht gäbe es auch Anhaltspunkte, die auf die Bedeutung von Raum und Zeit und möglicherweise auf den Ursprung des Universums schließen ließen.

Wenn Sie also das nächste Mal, bei Tag oder Nacht, zum Himmel aufblicken, denken Sie daran, dass er vielleicht Spuren von Quantenglicht enthält. Eine Botschaft, die vor 13,8 Milliarden Jahren geschrieben wurde, ist direkt über Ihrem Kopf und birgt einige der größten Geheimnisse des Universums, die darauf warten, von uns entschlüsselt zu werden.

SCHLUSS

Geschöpfe der Gravitation

Gravitation ist aus unserem Leben nicht wegzudenken, wir alle begegnen ihr und erfahren sie auf unsere eigene Weise. Manchen von uns wird die Allgegenwärtigkeit der Gravitation vor Augen geführt, wenn sie sich über den Rand einer hohen Klippe beugen. Anderen kommt die Gravitation besonders zu Bewusstsein, wenn sie das elegante Wirbeln der Planeten am dunklen Himmel betrachten. Wieder andere werden nach der Beobachtung eines Shuttle-Starts staunend begreifen, wie zäh die Gravitation sein kann und welch ungeheurer Kraft es bedarf, der Erdanziehung zu entkommen. Für mich war die Suche nach der Gravitation, ob im Spiel mit ihr oder in dem Versuch, sie zu verstehen, prägend für mein Leben.

Während unseres gemeinsamen Abenteuers haben wir die vielen Facetten der Gravitation kennengelernt. Wir haben miterlebt, wie sie sich vom Newton'schen Konzept einer universellen, unverzüglich einsetzenden Kraft zu Einsteins Beschreibung der Gravitation als Raumzeitkrümmung gewandelt hat. Diese Metamorphose führt zum unvermeidlichen Tango, der Spiralbewegung, die frei fallende Tänzer ausführen, während sie in der gekrümmten

Realität dem geradestmöglichen Weg folgen. Im Gefüge der Raumzeit verborgen, haben wir die Existenz der fundamentalen Gravitationskraft entdeckt, eingebettet in die Struktur von Einsteins allgemeiner Relativitätstheorie. Diese Gravitationskraft manifestiert sich, obwohl im Alltag kaum bemerkbar, durch Gezeiteneffekte, wie sie von Gravitationswellen-Observatorien beobachtet werden. Begeben Sie sich allerdings in ein Schwarzes Loch, werden die Gezeitenkräfte Sie zugleich zerquetschen und zerreißen.

Da die Relativitätstheorie auf eine hundertjährige Erfolgsgeschichte zurückblicken kann, wäre ich die Erste, die jedes Modell infrage stellen würde, das von ihr abwiche – selbst wenn das nur in großen kosmologischen Maßstäben der Fall ist. Doch massive Gravitation hilft uns möglicherweise dadurch, dass sie es uns ermöglicht, die Beschleunigung in den späteren Phasen unseres expandierenden Universums zu verstehen und zu erklären, warum das Quantenmeer der Vakuumenergie das Universum nicht dazu bringt, sich auf eine Größe von weniger als einem Zentimeter zusammenzukrümmen. Im Fortgang unserer Reise zeigt sich überdeutlich, dass unsere Suche nach einem grundlegenden Verständnis der Gravitation noch einen langen Weg vor sich hat. Letztlich wird mein Anteil wahrscheinlich winzig sein, aber die Motivation für wissenschaftliche Forschung ist ja auch eine andere: Jeder Beitrag, selbst wenn er erfolglos oder von Beginn an zum Scheitern verurteilt ist, wirft Licht auf ein kleines Stück des Puzzles. Trotz der beispiellosen Erfolgsbilanz der allgemeinen Relativitätstheorie wäre ich überrascht, wenn wir nicht noch zu meinen Lebzeiten bedeutende Fortschritte erzielen würden. Die Zeit – oder die Gravitation selbst – wird es zeigen.

Wenn wir in die tiefen Schichten der Gravitation eintauchen, werden wir vielleicht eine Vorstellung davon bekommen, wie sehr sie für das verantwortlich ist, was wir sind und was aus uns wird, egal, ob das majestätische »wir« nun die elementarsten Teilchen bezeichnet oder vergangene, gegenwärtige und künftige Zivilisationen oder das Universum als Ganzes oder das Realitätsgefüge, welches das ganze Multiversum umfasst. Wenn wir von diesen wunderbaren Reisen zurückkehren, frage ich mich oft, ob wir, praktisch betrachtet, nicht lieber mit den Füßen auf dem Boden bleiben und uns darauf konzentrieren sollten, das Leben hier und jetzt auf der Erde zu verbessern, statt uns den Kopf über die Geheimnisse weit jenseits unseres kleinen Planeten zu zerbrechen. Natürlich müssen wir unsere Aufmerksamkeit auf die dringenden Fragen richten, die unser Überleben und das unserer Erde betreffen. Und doch sind die Fortschritte, die unsere Spezies im Lauf der letzten Jahrtausende erzielt hat, und die unzähligen Probleme, die die Wissenschaft lösen konnte, untrennbar mit dem Drang verbunden, die Welt jenseits des Tellerrands zu erkunden – uns von den dringendsten Bedürfnissen loszureißen, die Grenzen unseres Wissens ins Unbekannte hinauszuschieben und die Antworten auf Probleme zu finden, deren Existenz uns noch nicht einmal bewusst war.

Wenn theoretische Physiker unsere Arbeit und Ergebnisse beschreiben, werden wir häufig nach der Anwendbarkeit – dem praktischen Nutzen – unserer Forschung in einer Welt gefragt, die von so vielen unmittelbaren und bedrohlichen Krisen heimgesucht wird. Angesichts solcher Fragen neigen wir rasch dazu, den Wert unserer Forschung zu rechtfertigen, indem wir darauf hinweisen, wie wichtig frühere Entdeckungen für die Entwicklung heutiger Dinge des täglichen Gebrauchs waren. Viel zu oft höre ich mich selbst vorbringen, dass man auf Anwendungen der physikalischen Grundlagenforschung auch im günstigsten Falle immer etwas länger warten müsse, um dann rasch darauf hinzuweisen, dass GPS nur dank der allgemeinen Relativitätstheorie möglich sei, doch habe sich diese Anwendung erst ein halbes Jahrhundert nach der ursprünglichen wissenschaftlichen Entdeckung ergeben. Oder ich erkläre, dass viele der Technologien, die wir zur Erleichterung unserer wissenschaftlichen Arbeit entwickelten, etwa das World Wide Web (am CERN erfunden), in andere gesellschaftliche Bereiche übernommen worden seien. Heute könnte man sich das Leben gar nicht mehr ohne die Vorteile vorstellen, die sich aus früheren Forschungen ergeben haben – Forschungen, für die es zu ihrer Zeit noch keine erkennbare Anwendung gab.

Angesichts der gegenwärtigen Gravitationsforschung fragen mich aufgeschlossene, zukunftsorientierte Zeitgenossen gelegentlich, ob meine Untersuchungen beispielsweise dazu beitrügen, neue Exoplaneten zu entdecken und so unsere bedeutsame Suche nach außerirdischem Leben voranzubringen, wie einige Studien über Gravitationswellen nahelegen. Die tatsächliche Frage lautet jedoch, warum sollen wir hier aufhören? Während die Entdeckung von Exoplaneten und die Suche nach außerirdischem Leben zweifellos zu den interessantesten Fragen gehören, die gegenwärtig untersucht werden, könnte uns ein tieferes Verständnis der Gravitation phantastische Entdeckungen ermöglichen: neue Universen, neue Raumdimensionen oder sogar neue Bereiche dunkler Materie und Energie. Einige von ihnen könnten sogar von neuen Arten und Zivilisationen bewohnt sein, die parallel zu uns in unmittelbarer Nähe koexistierten – wer weiß? Eine solche Entdeckung würde nicht nur unsere Stellung im Universum neu bestimmen, sondern auch die Stellung unseres beobachtbaren Universums innerhalb der Realität als Ganzes. Nach meiner Auffassung gibt es keine grundlegendere und wichtigere Suche.

Gleich, was eine Gesellschaft zu erreichen hofft, das Verständnis der Natur auf ihrer tiefsten Ebene bleibt der beste Weg, um uns mit den nötigen Werkzeugen und Techniken zur Lösung der Probleme von morgen auszurüsten.

Doch die Rechtfertigung der Grundlagenforschung durch praktische Anwendungen – sogar praktische Anwendungen, die utopisch sind – lässt einen entscheidenden Aspekt dieser Forschungsart außer Acht. Wenn Sie an unserer Suche nach der Gravitation teilgenommen haben, brauche ich Sie nicht davon zu überzeugen, dass es bei dem Versuch, die Gravitation zu verstehen, nicht um die direkte technische oder wirtschaftliche Nutzung oder um gegenwärtige oder künftige Anwendungen unserer Forschung geht. Es geht um das Verständnis dieses bemerkenswerten Phänomens, das jeden Aspekt unseres Lebens durchdringt und die Evolution und das Schicksal des ganzen Universums bestimmt. Wir sind auf der Suche nach der Gravitation, weil wir Geschöpfe der Gravitation sind. Ob wir gehen, tauchen, fliegen oder das All als Astronauten erkunden, ob wir schweben oder fallen, Erfolg haben oder scheitern, wir bewohnen alle ein Universum, das von der Gravitation bestimmt wird, und als Wissenschaftlerin werde ich immer ihren Geheimnissen auf der Spur bleiben.

Bibliografie

1. »For Mr Bently at the Palace in Worcester A 4th Lett. from Mr Newton [February 25, 1692].« 189.R.4.47, ff. 7–8, Trinity College Library, Cambridge, United Kingdom. In The Newton Project, AHRC Newton Papers Project, edited by Rob Iliffe and Scott Mandelbrote, University of Oxford, October 2007. https://www..newtonproject.ox.ac.uk/view/texts/normalized/THEM00258.
2. Maxwell, James Clerk. »VIII. A Dynamical Theory of the Electromagnetic Field.« Philosophical Transactions of the Royal Society of London 155 (December 1865): 459–512. https://doi.org/10.1098/rstl.1865.0008.
3. Agazie, Gabriella, et al. »The NANOGrav 15 yr Data Set: Observations and Timing of 68 Millisecond Pulsars.« The Astrophysical Journal Letters 951, no. 1 (June 29, 2023). https://iopscience.iop.org/article/10.3847/2041-8213/acda9a.
4. Einstein, Albert. »Aphorisms for Leo Baeck.« In Ideas and Opinions, translated by Sonja Bargmann, 27–28. New York: Bonanza, 1954.

5. Einstein, A., B. Podolsky, and N. Rosen. »Can Quantum-Mechanical Description of Physical Reality Be Considered Complete?« Physical Review 47, no. 10 (May 1935): 777–780. https://doi.org/10.1103/PhysRev.47.777.
6. Einstein, A., and N. Rosen. »The Particle Problem in the General Theory of Relativity.« Physical Review 48, no. 1 (July 1935): 73–77. https://doi.org/10.1103/PhysRev.48.73.
7. Weinstein, Galina. »Einstein and Gravitational Waves 1936–1938.« arXiv, February 15, 2016. https://doi.org/10.48550/arXiv.1602.04674.
8. Einstein, A., and N. Rosen. »On Gravitational Waves.« Journal of the Franklin Institute 223, no. 1 (January 1937): 43–54. https://doi.org/10.1016/S0016-0032(37)90583-0.
9. Einstein, Albert. »On a Stationary System with Spherical Symmetry Consisting of Many Gravitating Masses.« Annals of Mathematics, 2nd ser., 40, no. 4 (October 1939): 922–936. https://doi.org/10.2307/1968902.
10. Penrose, Roger. »Gravitational Collapse and Space-time Singularities.« Physical Review Letters 14, no. 3 (1965): 57. doi:10.1103/PhysRevLett.14.57.
11. Hawking, Stephen. »The Occurrence of Singularities in Cosmology.« Proceedings of the Royal Society of London A 294, no. 1439 (1966): 511–521. https://doi.org/10.1098/rspa.1966.0221.
12. Penrose, Roger. »Gravitational Collapse: The Role of General Relativity.« Rivista del Nuovo Cimento 1 (1969): 252–276. doi:10.1023/A:1016578408204.
13. Hawking, Stephen, and Roger Penrose. »The Singularities of Gravitational Collapse and Cosmology.« Proceedings of

the Royal Society of London A 314, no. 1519 (1970): 529–548. https://doi.org/10.1098/rspa.1970.0021.

14. Lodge, Oliver. »XXXIX. The Density of the Æther.« London, Edinburgh, and Dublin Philosophical Magazine and Journal of Science, 6th ser., 13, no. 76 (April 1907): 488–506.
15. Kragh, Helge. »Walther Nernst: Grandfather of Dark Energy?« Astronomy and Geophysics 53, no. 1 (February 2012): 1.24–1.26. https://doi.org/10.1111/j.1468-4004.2012.53124.x.
16. Lenz, Wilhelm. »Das Gleichgewicht von Materie und Strahlung in Einsteins geschlossener Welt.« Physikalishe Zeitschrift 27 (1926): 642–645.
17. Enz, Charles P. No Time to Be Brief: A Scientific Biography of Wolfgang Pauli. Oxford: Oxford University Press, 2002.
18. Enz, C. P., and A. Thellung. 1960. »Nullpunktsenergie und Anordnung nicht vertauschbarer Faktoren im Hamiltonoperator.« Helvetica Physica Acta 33 (1960): 839–848.
19. Fierz, Markus, and Wolfgang Ernst Pauli. »On Relativistic Wave Equations for Particles of Arbitrary Spin in an Electromagnetic Field.« Proceedings of the Royal Society of London A 173 (November 1939): 211–232. https://doi.org/10.1098/rspa.1939.0140.
20. de Rham, Claudia, and Gregory Gabadadze. »Selftuned Massive Spin-2.« Physics Letters B 693 (June 2010): 334–338. https://doi.org/10.1016/j.physletb.2010.08.043.
21. de Rham, Claudia, and Gregory Gabadadze. »Generalization of the Fierz-Pauli Action.« Physical Review D 82 (2010): 044020. https://10.1103/PhysRevD.82.044020.

22. de Rham, Claudia, Gregory Gabadadze, and Andrew J. Tolley. »Resummation of Massive Gravity.« Physical Review Letters 106, no. 23 (June 2011): 231101. https:// doi.org/10.1103/PhysRevLett.106.231101.
23. Dyson, Freeman. »Is a Graviton Detectable?« Poincaré Prize Lecture, International Congress of Mathematical Physics, Aalborg, Denmark, August 6, 2012.

Register